写给每一位渴望变得更自律的你

桦楨

自律觉醒

朱梓橦 著

九州出版社
JIUZHOUPRESS

图书在版编目（CIP）数据

自律觉醒 / 朱梓橦著. —北京：九州出版社，2023.1

ISBN 978-7-5225-1451-2

Ⅰ．①自… Ⅱ.①朱… Ⅲ. ①成功心理－通俗读物 Ⅳ.①B848.4-49

中国版本图书馆CIP数据核字（2022）第221538号

自律觉醒

作　　者	朱梓橦　著
责任编辑	刘　嘉
出版发行	九州出版社
地　　址	北京市西城区阜外大街甲35号(100037)
发行电话	（010）68992190/3/5/6
网　　址	www.jiuzhoupress.com
印　　刷	嘉业印刷（天津）有限公司
开　　本	880毫米×1230毫米　32开
印　　张	7.25　彩　插　30P
字　　数	150千字
版　　次	2023年4月第1版
印　　次	2023年4月第1次印刷
书　　号	ISBN 978-7-5225-1451-2
定　　价	59.80元

自　　　　律　　　　觉　　　　醒

▲哈佛大学法学院法学硕士毕业照

▲4岁开始学习钢琴

▲主持少儿电视节目

▲在哈佛大学法学院求学

▲哈佛大学法学院图书馆

▲在哈佛大学法学院图书馆自学

◀▼备考纽约律师执照考试

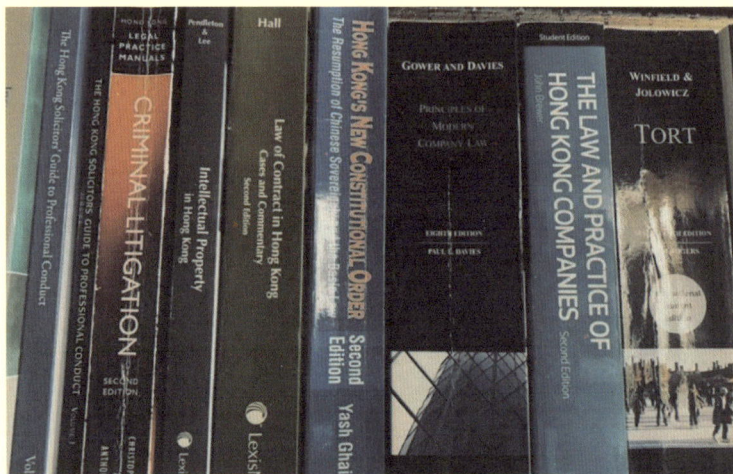

▲阅读大量法律书籍

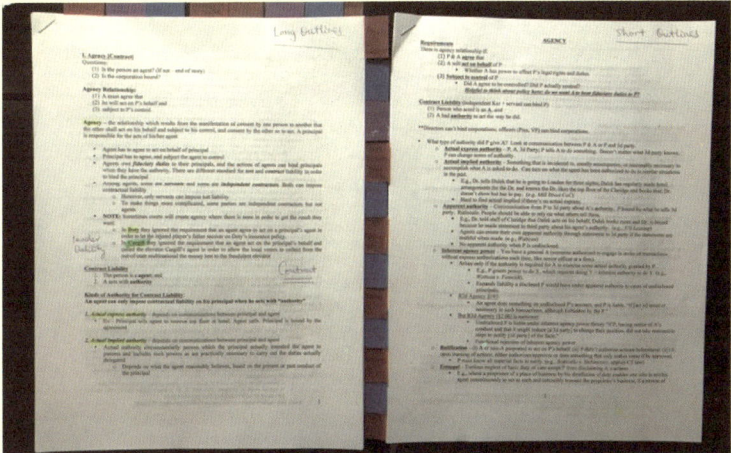
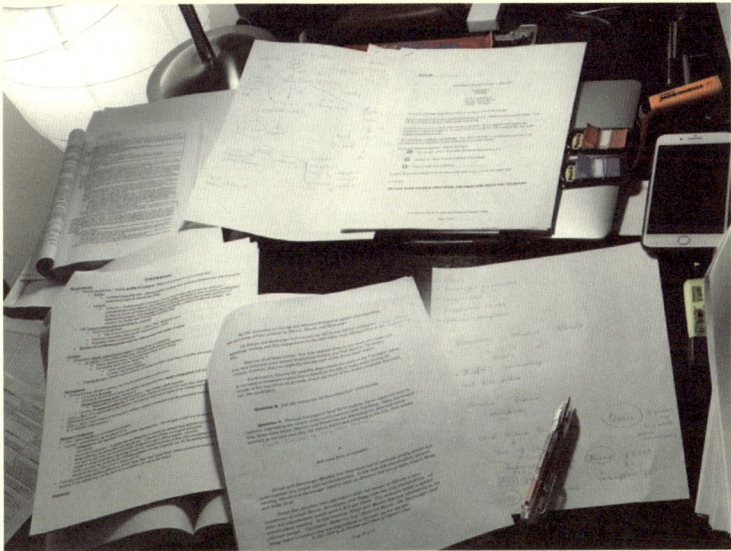

▲在哈佛大学求学时期的笔记

今年是中英建立大使級外交關係

▲主持凤凰卫视《风云对话》栏目

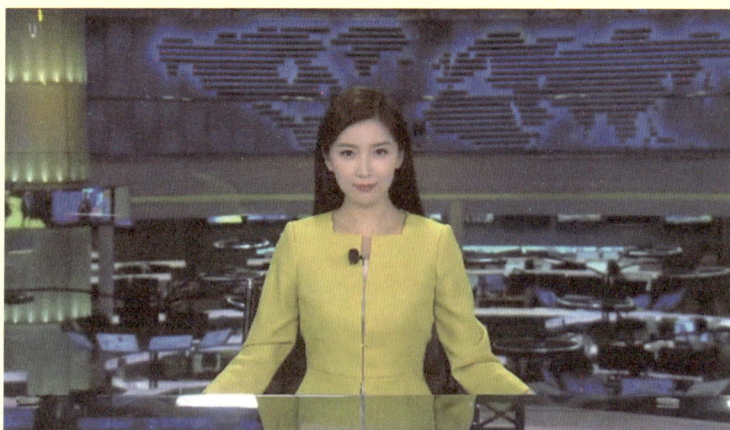

▲主持凤凰卫视新闻资讯节目

▲主持凤凰卫视财经节目

▲主持世界经济论坛

▲主持凤凰网（夏季）财经峰会暨天籁思享荟

▲主持凤凰网年度财经峰会

▲出席电影《007：无暇赴死》首映礼

▲主持中国2019世界集邮展览

▲主持2018中外企业家光谷峰会

▲主持2018年联合国日庆典活动

▲主持第十七届世界华商高峰会

▲主持哈佛中国论坛

▲主持第八届中国企业家发展年会

▼作为"社会影响力大使",主持中国社会影响力大奖颁奖典礼

▲《十二维度》剧照

▲《大驾光临》剧照

▲新阳光病房学校2021—2022年度公益爱心形象大使

▲出席2022年中国国际时装周

▲主持2022搜狐科技峰会

朱梓橦

时代纪录

「只有当你非常努力
才能看起来毫不费力」

谨以此，
致敬我们一起走过的2020

▲《2020·逆光》由著名纪录片出品人、制片人、导演、摄影师洪海
先生主编，选介了王石、朱梓橦、汪建等六位在2020年向生活"逆
行"的人

▲坚持运动健身

▲滑雪

▲练习吉他弹唱

▲养成健康的饮食习惯

自　序

　　此刻的我正在加班审片，这部正在制作的人物访谈纪录片，饱含了我们主创团队无数个日夜的努力，其中的艰辛只有我的核心团队清楚。因为片子是伴随着疫情的脚步拍摄和制作的，这给拍摄过程增加了很多的困难。其间我们不得不多次因为不可抗拒因素改变拍摄计划，团队也曾就拍摄内容和制作细节发生过激烈的讨论，我和我团队的伙伴们经历过失望、沮丧，但从没想过放弃。万事开头难，坚持下去更难，我们做到了！所以，它可以说是一部"心血之作"，也是一个新里程碑。

　　之所以提及这个即将上线的人物访谈纪录片，是因为在它的制作过程中，我运用了这本书中介绍的学习能力、沟通能力、时间管理能力、演讲技巧、自律和自我管理能力、格局思维以及选择能力。没错，这些能力是一名专业主持人、纪录片制作人和团队领导者必备的，也是我认为每一个励志上进的新时代年轻人都可以去尝试提升的。在您漫长又短暂的学习和职业生涯中，这些能力应该会对您有所帮助。

很多人想知道我的成长经历和家庭背景，也对我是如何被哈佛大学录取的充满好奇，所以在这本书中，我将自己在求学、考试、职业选择中的故事和经验与大家分享，让大家看到努力和选择在人成长历程中的重要性。

我出生于一个知识分子家庭，我的父母都曾是大学老师。回想我的成长经历，妈妈对我的影响最大。她经常幽默地说，在我出生之前，她就开始对我进行"早期教育"了，可以说做遍了所有胎教文章中提到的"有趣"的事情。我的妈妈在高中时是理科尖子生，她在大学的专业是生物遗传学，我想一定是她的专业给了她这方面的启示和智慧。妈妈说在我很小的时候，每天晚上她都会给我讲故事、念儿歌，几乎讲到嗓子都哑了。我也乐在其中，很早便牙牙学语，不久便能有模有样地念不少儿歌了。现在看来我能有些语言天赋，掌握多门语言，多半与这些儿时的经历有关系。谢谢妈妈！

妈妈相信孩子的智力开发越早越好，所以我学钢琴比较早，四岁就开始每天坐在琴凳上练习了。当然，那时候还是要妈妈陪着一起坐着的。我较好的听力大概与这段早期的智力开发有关。除了安静地练琴，我还很喜欢运动。上小学之后，我成了校田径队的中长跑运动员，400米、800米是我的强项。此外，我的其他特长和爱好也在妈妈的开发和引导下得到发展：我加入了市少年合唱团，也在歌唱比赛中获过奖；在学校里更是活跃分子，舞蹈队领舞、合唱队指挥、广播站站长、少先队大队长。因为课外活动太多，妈妈曾担心我的文化课受到影响，好在我的文化课一直也不错。

我第一次参加大场面演讲是在小学三年级，那是在市六一儿童节庆祝活动上，在坐了几万观众的体育场，我作为市十佳少先队员代表发言。那天早上，妈妈一边帮我整理衣服一边问我："今天你紧张吗？"我说："什么是紧张？"从那以后我有了一个绰号——"不紧张"。

从那个时候起，我的公众演讲生涯就开启了。从校主持人到区级少儿活动主持人，再到市电视台少儿节目主持人，背稿并迅速脱稿成了我的业余特长，渐渐地让我练就了强大的记忆能力。我可以在极短的时间内理解并记住大量信息，加上"人来疯""不紧张"的特性，我常常能在现场超常发挥。

我从小就不害怕考试，好的记忆方法加上好的学习技巧和自律的生活习惯，帮助我在人生的几次大型考试中高分通关，也帮助我在后来的法律学习中，以连续三年第一名的总成绩成功考入哈佛大学法学院。我会在本书中介绍学习和备考过程，希望对正在读书考学的朋友有所启发。

我的求学经历和职业生涯并不是一帆风顺的。我年少便离开家，在不同的国家和地区留学，从小就体会过身处异乡的不易。我曾多次因是少数群体而被人欺负和歧视，也曾陷入迷茫和焦虑，但那段经历使得我从十几岁就奋发图强，决心用自己的成绩和实力证明中国学生不光成绩优异，而且自律严谨、乐观积极。

我很享受努力拼搏过后获得优异成绩的满足感，在大学生涯中，我在一些国家和地区的赛事中获得了不少奖项，这种追求极致的品质也一直伴随着我。直到今天，对任何一项工作，我都力争做到最好。我心里一直有一杆秤，一杆"付出最大努力而问心无愧"的秤。

从哈佛毕业后，我没有做和无数常青藤毕业生同样的选择，而是放弃了华尔街数百万年薪的工作，选择了我最热爱的媒体行业，在凤凰卫视主持新闻资讯和访谈栏目。很多人对此感到诧异，因为前者的薪资和待遇要比后者优厚，但我仍然坚定地选择了后者，因为我更想回国做我热爱的媒体工作。

很多粉丝朋友问我，为什么学了法律、考取了律师牌照，却没有从事律师行业？原因有二：第一，我不是因为要当律师才学习法律的。学习法律可以综合训练人的逻辑思维能力、批判性思维能力、分析写作能力，这些能力对于很多行业的从业者来说都是一生受用的。第二，我太热爱媒体行业了。我深知只有热爱才有可能保持永不疲倦。

一名优秀的主持人需要具备优秀记者应有的所有能力：现场采访、迅速撰稿、镇定出镜。无论多忙，我都要求自己写每个节目和大型活动的主持词，并在每次主持和访谈之前做最充分的准备，要求自己必须做到面对每一位嘉宾都像是面对一位熟悉的好朋友。从双语新闻主播，到达沃斯论坛、哈佛中国论坛这些大型论坛的主持人，再到凤凰卫视高端访谈节目《风云对话》的主持人、纪录片制作人和对话者，我不断地在各个维度扩展自己的视野。在即将上线的一档人物访谈纪录片中，每季都有由我对话12位行业领军人物的环节，每一位嘉宾都有传奇般的人生，从他们身上我学到了很多。我希望不断见证这些非同寻常的榜样的力量，更希望观众朋友可以看到这些充满智慧的励志内容。

我的粉丝朋友们经常问我，你是怎么做到一直像打了鸡血一样精神头十足的？你是怎么考上哈佛大学的？你的雅思口语是怎么考满分的？你是怎么平衡紧张的工作和业余的兴趣爱好的？你是怎么做到一直保持自律和清醒的？你又是怎么练习才拥有现在的表达及演讲能力的？是努力重要，还是选择重要？

在这本书中，我不仅详细地回答了以上问题，还系统性地阐述了我对学习能力、沟通能力、时间管理能力、演讲能力、自律管理、格局思维以及选择能力的看法，并分享了我的亲身经历，希望这些分享能引发大家的思考，希望这本书能助力你不断地朝着自己的目标和梦想去努力，不被困难打倒，不因诱惑妥协，更不轻言放弃！

　　你只有非常非常努力，才能看起来毫不费力。机会永远都是留给有准备的人的。我最喜欢的这两句话，送给你。在追逐梦想路上的朋友，让我们共勉。

目　录

1

学习能力
决定你人生的高度

2

有效沟通
快速让对方觉得你懂他

3

时间管理
把时间花在重要的事情上

4

演讲高手
三分内容七分形式打动听众

5 高效自律
设立清晰目标并高效执行

6 格局思维
站在更高的位置看待问题

7 重视选择
用终局视角审视当下

1

学习能力

决定你人生的高度

1

本章内容

学习能力，是唯一可持续的竞争优势

提高学习能力的三个关键

好的学习习惯，成就好的未来

提高学习能力的三个维度

学习能力，是唯一可持续的竞争优势

发现兴趣，培养优势

出色的学习能力，是我们可持续的竞争优势。

很多人认为，学习只是学生的必修课。但事实上，人生的每个阶段，都是我们认识世界不同的学期。而出色的学习能力，就是我们攻克人生各个阶段不同课题的利器。

从小到大，我们一般会经历三个层面的学习能力提升过程。接下来，我以自己为例来和大家分享一下。

第一个阶段：小时候被父母和老师督促着学习。

那时候的学习大多数是被动的，并不能特别清晰地明白学习的意义。但绝不是说，这个阶段对学习能力提升毫无意义。恰恰相反，该时期是发现兴趣和优势的重要时期。倘若这个阶段可以发现自己感兴趣并且有优势的方向，并加以培养，会对整个人生都有重要的意义。

小时候的我，只需要靠课堂上的正常听讲，就可以获得很不错的成绩。除正常上课之外，我还特别喜欢英语这门学科，所以在课外的时间里，我花了很多工夫在英语阅读和表达上。

《21世纪英文报》的某些版面，我初中时几乎每期必读。看报纸的过程中，会发现不认识的单词，我就把那些单词摘抄在小本子上，再逐个学习、研究和背诵。这个方法让我的单词量有了极大的突破，远远超过了学段对单词的要求。

很多人说背单词特别难，问我是怎么背的。其实在这个过程中我还真的没有刻意把单词书从A背到Z。我是因为感兴趣才开始阅读的，阅读中遇到不认识的单词就查字典，然后背单词。我的记忆力还不错，后来慢慢地，我很少能在报纸中看到陌生的单词，我便开始翻字典，再后来字典里不认识的单词也越来越少，我就立志把字典里不认识的单词都"消灭"。

同时，英语演讲比赛的奖项，我几乎是从小拿到大的。比如在中学的时候，我多次代表学校参加大连市奥林匹克竞赛，获得了英语奥赛的冠军，这听起来似乎很不容易，但对于当时的我来说，英语奥赛的词汇量已经低于我掌握的词汇量了，所以那些比赛对我来说并不是很难。

因为兴趣，所以喜欢；因为喜欢，所以开始刻意练习；因为刻意练习，所以获得了很多竞赛的奖项；又因为获得了竞赛奖项，让我更有信心。整个良性循环下来，最让我受益的，是把兴趣和小擅长变成绝对优势，并且越来越有信心。没有人天生就有信心，信心一定是在反复尝试、挑战、刻意练习中形成的。

所以，在学习的第一个阶段，一定要发掘出自己的天赋，培养自己对学习的兴趣，这样才能在这个过程当中学得越来越好，越来越有信心。

主动学习，深度专注

我们的想法是会随着时间而改变的，兴趣也一样。上大学之前，我们一般没有时间来专注自己的兴趣和爱好。上大学之后的时间相对自由，让我们可以根据自己的需求，做出新的选择。

第二个阶段：长大后自己主动学习，深度专注。

第一个阶段的积累给我们打下坚实的基础，也会让我们在新的领域更快地找到学习的方法。比如说，在第二个阶段我发现，小时候把兴趣转化为优势的学习能力，以及因为优势增长的自信，都在这一阶段派上了用场。

上大学之后，我开始问自己：我的梦想是什么？我真正想学的是什么，想从事的事业是什么？

大学的时候，我的梦想是做一名双语主持人。那段时间，我对法语非常痴狂，几乎每天都在阅读、表达中度过，甚至说的梦话都是法语。我曾跟学习语言的粉丝朋友们开玩笑说，衡量一门语言学习得是否到位的一个标准是，你是否会用这门语言做梦。如果你有，那么恭喜，你已经会下意识地用这门语言思考了。

那种痴狂，在当时给了我非常多的滋养，也给我的生命带来了非常多的能量。我抓住几乎每一个学习和练习口语的机会，看电影、和身边的留学生交谈，努力地提高语言水平，且获得了很多正向反馈，比如很多法国老师问我是否曾经居住在巴黎，不然为什么会有这么地道的巴黎口音。这些反馈，又推动我更疯狂地进行接下来的学习。

在学习法语的时候，我深刻地感受到，小时候的英语学习给我打下了坚实的基础，让我在接触新的学习领域时，可以快速地发现良性循环的小闭环，让自己的语言水平短时间内获得较大的提升。

总的来说，学习能力提升的第二个阶段，其实要依赖第一个阶段被动式培养的能力。而且已经拥有的学习能力，可以帮助我们做出正确的选择。

把每一个选择做成正确答案

大学毕业之后，我们会进入一个新的阶段。这个阶段的选择对我们尤为重要，也尤为艰难。那么，如何做出适合自己的选择呢？

大胆地追随自己的内心，做自己热爱的事，选择自己喜欢的科目。同时，我们更应该把精力放在把所有的选择做成最正确的答案上，而不是一定要先做一个正确选择，再去做事情。

这个就是学习能力提升的第三个阶段：把每一个选择做成正确答案。

毕业之后，我实现了梦寐以求的做双语主持人的愿望。多年的愿望成为现实，这让我非常兴奋。

那一年，我20岁，做了两年的新闻主播，我总感觉自己好像还是欠缺了一些专业知识，积累值和专业度还应该再提高，应该有一个更加专业的技能，再武装一下自己。那时候，我很想读研究生，面临两个选择：一个是去法国巴黎读国际关系，另一个是去美国哈佛大学读法律。最终，我选择了去哈佛大学读法律。这个选择，也成为我人生中的一个重大决定。

选择法律，主要因为我对法律特别感兴趣，里面当然也有偶然变成必然的成分。

所以，分享给现在的大学生和职场新人一句话：在选择要不要读研，或者读研到底要读什么专业时，也不用太纠结。因为在那个年龄段，大多数人不知道自己要做什么其实是很正常的，没有必要强加给自己"我必须要做一个最正确的选择"的想法。

就像我选择了学习法律，这个选择让我获得了一项很专业的技能，有了律师执照，也让我有机会在华尔街工作。

当然，也有人曾问我，离开媒体去学法律，又绕了一圈回到媒体，难道不觉得耽误了时间吗？

我一点都不这么认为。人生没有白走的路，每一步都算数。很多主持人都是学播音主持出身的。在这样的职场环境里，大家的优势都差不多，也就谈不上优势了。而法律的学习和华尔街的工作经历不仅赋予我大量的法学专业知识，还训练了我周密的逻辑思维能力，培养了我严谨的工作态度和良好的双语能力。而这些优势使我在后来的竞争中脱颖而出。读法律的过程中，我依靠自己的学习能力实现了新的跨越，并逐渐培养了自己跨学科的视角，极大地增强了个人优势。

回想自己的成长经历以及在学习的不同阶段遇到的问题，

我发现：人生的每个阶段有每个阶段的课题，学习也是一样，我们在不同阶段的学习形式，以及对学习的要求，其实都是不一样的。

不过有一样是不变的，那就是：在每个阶段，只要你拥有了学习的能力，就能在那个阶段里脱颖而出，做自己人生的赢家。

提高学习能力的三个关键

很多人认为学习靠的就是"努力"二字，努力虽然重要，但仅仅靠努力，并不能确保成功。

日本经营之圣稻盛和夫的哲学中有一个"成功方程式"，我很喜欢，这个方程式就是"人生和工作结果=思维方式 × 热情 × 能力"。

影响成功的因素有很多，很明显仅仅有努力是不够的，学习也是一样。那么，我们如何找到学习能力的钥匙呢？在这里，我想结合我学习生涯中最富挑战性的经历，和大家分享提升学习能力的三个关键。虽然有"王婆卖瓜"的嫌疑，但我还是要说，我能以全校第一名的成绩考入哈佛大学法学院，并且以优异的成绩从哈佛大学法学院毕业，离不开自身的努力，但也不仅仅依靠努力。

接下来，我来逐一和大家分享，我在跨学科学习中依旧可以保持优秀的秘密。

热爱，可抵岁月漫长

第一，热爱。

这里的热爱，已经不仅仅是兴趣这么简单；热爱其实需要把兴趣再升级。只有热爱，才能让你在面对更大的困难时，迎难而上。

在学法律的时候，我最喜欢的科目是刑法。当时我就觉得它让我着迷，所以学习的整个过程我几乎都沉浸其中。

相对于民事案件，刑事案件才是真正戏剧性的，也是最具故事性的。我能从刑事案件里看到很多故事，它们除了能让人明白谋杀是怎么回事、误杀是怎么回事，还有很多对人性的探索。

法律是道德的底线，在整个学习的过程中，我越来越清晰地觉察到这两者之间的边界。法律，让我用一种全新的角度去看待这个世界，用律师的视角去看待问题和身边发生的事情。比如结婚后可能会发生什么事情，买房子可能会发生什么事情，跟别人签一个合同可能会发生什么事情，受聘于一家公司可能会发生什么事情。所以即便课业繁重，当时的我依然觉得法律非常有意思。

现在回首来看，也正是因为热爱，我才能冲破跨专业的门槛和壁垒，顺利进入法律的世界。

借鉴前人的经验

第二，经验。

在学习新知识时，我们一定是初学者，而那些知识却不是第一天存在的，我们也不是第一批学习的人。前人早已积累了大量的学习方法、学习技巧，对于我们来说，发掘这些前人留下的财富并自觉运用，定会事半功倍。

我在读法律的时候，就曾经因为积极地借鉴前辈给出的经验而获益良多。我是在英语国家学的普通法系的法律，大多数学生的英语水平都很高，想要真正脱颖而出，成绩超过其他人，是挺不容易的。

我是如何找到属于自己的竞争优势的呢？我在开学之前就做了充分的准备，研究其他优秀的法学院学生是如何学习的。我记得当时看过一个美国法学院学生的视频，他分享了几个学习妙招。

视频里面有一条是这么说的：一定要买一支录音笔，在老师上课的时候录音，回头做题时发现不会的地方，可以反复听，再细品，尤其是在感觉自己听明白了，但是课后做题还是不会的时候。

我非常认同他的这个做法，在大学3年的学习过程中，每堂课都带着录音笔。当时我们一堂课的时间是3个小时，几乎每一堂课我都会听两遍：上课的时候听一遍，下课之后再把3个小时的课快放着听一遍。听着录音做作业，经常会有课上没懂的知识点，在回顾和实践的时候变得豁然开朗的体验。

牛顿说："如果我看得更远一点的话，是因为我站在巨人的肩膀上。"这句话，我是非常认同的。所以，大家如果想看得更远一点，就要多学习前辈的优秀经验。

不欺骗自己

第三，也是最重要的，就是不欺骗自己。

很多人在学习的过程中，慢慢会忘记自己究竟是为了谁而学。其实学习最终都是为自己而学的，所以，我们为学习做的所有努力都应该是忠于我们的学习目标本身的。明确自己的目标，切实为了达成目标去努力，是我们忠于自己的方式。

那么，在这个过程中，你有没有为了讨好老师而花很大的力气去做课堂笔记，而自己却再也不翻看？你有没有花大量的精力让笔记看起来精致却不是实用？又或者笔记做得潦潦草草，自己回头翻看时都找不到逻辑？如果有，请往下看。

我来分享一个我自己记笔记的小例子。学法律时，我做了大量的笔记。当时，我在开始整理笔记的时候，就给自己提了一个要求，那就是：即便一个人没学过这门课，他拿到我这个笔记也能看懂。

我的笔记做得比较整齐，大标题、小标题，形式统一，黑字、红字，标记清楚。这样不仅有助于强化记忆，而且在后续拿出来查阅的时候，也能一目了然。在期末之前，把整个学期所学的知识点都过一遍，对考试可是大有裨益的。

对了，想要做好笔记还有两个诀窍。

首先，知识框架要清晰。你要在脑海里有一个知识框架，不管是思维导图的形式，还是其他形式。做笔记，就是把脑海里的知识框架呈现在纸上。

其次，课后整理和补充很重要。课堂上，重点要放在听取内容上，笔记只列框架，等课后自己再整理和补充。切不可因为记笔记，耽误了听讲。

几年后，当我做了主持人、制片人、导演，以及公司管理者后，我发现提升学习能力的三个关键，依然指引着我，让我在新的当下，继续起航。

也许这就是人生的奥秘吧！因为热爱而选择，借鉴前人的经验，并在这个过程中对自己坦诚，不欺骗自己。

好的学习习惯，成就好的未来

　　某种意义上说，学习能力，是唯一可持续的竞争优势。但需要注意的是，学习能力并不稀有，而是每个人都拥有的，只不过每个人所具备的学习能力水准不同而已。而那些真正获得成功的人，他们除具备学习能力之外，我发现还有一种优势，那就是好的学习习惯。

　　很多人说我拥有这种习惯优势，因为我靠着自己的努力考进了超级难考的哈佛大学法学院。那么，我就根据我在这个过程中的经验，给大家分享如何拥有习惯优势，养成好的学习习惯。

建立快乐模式

　　当下，内卷越来越严重，从幼儿园卷到职场，似乎大家每一秒的时间都是掰开用的。内卷中的人，一般都处于情绪压力之下。那么，如何让情绪给我们带来好的影响呢？今天，我们来探讨一下科学的方法。

孩子往往处于情绪脑快速发育时期，爆棚的情绪需要宣泄。这个时候，家长需要做的是，让孩子尽量减少学习时间，增加玩乐时间。

没有哪个人是每时每刻都在学习或者工作的，那不现实，也不科学。所以，我强调的**第一个好的学习习惯是：建立快乐模式。**

盲目地逼迫孩子学习可能会有短暂的好成绩，但对于孩子的成长和未来规划来说，并不见得有益。我一再强调，父母应该提早发现孩子的兴趣所在，兴趣可以转化为优势，这样的状态才会让孩子的学习事半功倍。

如果孩子长期处于疲惫和情绪低落的状态，家长要引导孩子玩乐以充分释放情绪，让孩子建立起属于自己的快乐模式，学会自主学习。

家长可以多给孩子创造一些参与不同活动的机会，然后在这个过程中给予孩子积极正向的反馈，培养孩子的自信。在孩子有了自信之后，可以让孩子参加一些比赛，争取得到外界的认可，给孩子正向的激励。

只要孩子在这个过程中自信了，他就会更喜欢去做，这样就会形成一个良性循环，建立起快乐模式。当拥有了科学的、有益的快乐模式后，孩子学习能力的提升就是必然的。

规律睡眠

提到学习，大家越来越注意到记忆力的重要性，通过各种方法来提升记忆力。我非常认可一些提升记忆力的方法，与此相关，今天我分享一个对学习非常重要的习惯，也就是**第二个好的学习习惯：规律睡眠**。

提到规律睡眠，大家的第一想法是增加睡眠时间。学生们最缺的是睡眠，而如今职场人最缺的也是睡眠。

把睡眠时间留给学习，会让我们的精力受到影响，我们的记忆能力也会因此削弱。当我们熬夜背单词、记知识点时，记忆会停留在短时记忆的层面，它的保持时间是以秒计算的，最长也不过一分钟，也就是说转瞬即忘。而睡眠是最有效的辅助记忆的方式，它可以将你的短时记忆加以巩固，变为长时记忆，从几分钟、几小时、几月、几年，直到终身。

无论是总睡眠时间缩短还是深睡眠时间减少，都可能导致与记忆相关的神经元突触联系被打乱，短时记忆向长时记忆转化的过程被破坏，最后影响长久记忆的形成。用《麦克白》中的一句话来说明睡眠的重要性：睡眠是疲劳者的沐浴、受伤心灵的油膏、生命宴席上主要的营养；对于大脑而言，睡眠更是学习者的铠甲、记忆的伴侣、进化进程中不可或缺的补给。

所以，千万不要挤占睡眠时间去学习，实属得不偿失。小的时候，我妈妈常告诉我，磨刀不误砍柴工，说的就是这个道理。回忆我人生中的重大考试或其他节点，我都把睡眠放在第一位。

大多数人其实都明白睡眠的重要性，所以，养成规律睡眠对我们来说意义重大。那么，养成规律睡眠，是不是就必须增加睡眠时间，必须睡够8个小时呢？其实不是的。养成规律睡眠，更重要的是找到最适合自己的睡眠节奏。

日本脑科学研究者池谷裕二在《考试脑科学》中提道："人的睡眠过程一般由浅睡眠和深睡眠呈周期性反复交替进行，一个周期大约持续90分钟。"所以，我们的睡眠时间应该以90分钟为单位，完成4~6次循环。

你看8小时其实并不是最理性的睡眠时间，如果恰好睡8小时，我们会在深睡眠中被唤醒，导致我们感觉疲惫。相反，如果我们在浅睡眠中被唤醒，就会觉得精力充沛。

所以，睡眠对学习的意义很重要，规律的睡眠更重要。人在睡觉时，大脑的海马体会把白天学习到的内容，从短时记忆转化成长时记忆。而且科学研究证明，大脑在高强度的学习工作中会产生大量的垃圾蛋白，影响健康，睡眠则会帮你清理掉大脑里面无用的蛋白垃圾，这对第二天的学习至关重要。[①]

增加运动时间

从上学到工作的这些年，学习对我的影响非常大，它让我看到了更大的世界。而在这个过程中，有一个好的学习习惯让我受益非常大，也就是**第三个好的学习习惯：增加运动时间**。

增加运动时间，可以增强大脑供血供氧，让我们有更好的状态去面对学习这件事。

我们大脑的重量，占体重的五十分之一，但它的耗氧量却占身体的二分之一（成人），大脑无疑是高耗能大户。如果久坐不

[①] 大脑中神经元和神经胶质细胞的新陈代谢非常活跃，会产生大量代谢废物，有效清除这些代谢废物有助于保护神经元和神经胶质细胞。哈佛医学院的 Anthony L. Komaroff 博士在《美国医学会杂志》（JAMA）发表的文章，回顾了睡眠会激活大脑清除"垃圾"的新兴科学证据，以及睡眠中断与神经系统疾病之间的关联。

动，心脏给大脑供血供氧的能力就会下降，影响学习效率。只有动起来，大脑的供血供氧量才会更加充足，大脑神经连接的建立就会更加紧密，学习效率也会提高。

我在哈佛大学学习时，每天的活动都排得很满，但运动是雷打不动的项目。即便是到了考试之前，我也保持这样的学习习惯。上考场的时候，我看到大家喝着功能饮料，来弥补昨晚没睡觉的消耗，就非常替大家可惜，因为我知道人在缺觉的情况下是不可能在考试中发挥出最佳水平的。法律考试是绝对不能这么应对的，一定要把基本功打好，把功课努力做到位，真正胸有成竹地上考场，而不是临阵磨枪。

而运动的好处就是，保证我们每天都有一个良好的身体状态，无论是学习还是考试，都能全情投入。

我记得在哈佛大学学习的时候，晚上考试比较多。我一般是前一天晚上按时睡觉，当天睡个午觉，下午正常跑步，然后以这种状态上考场。每次考试老师一发试卷，我就能非常清楚地知道哪道题考的是哪个科目的哪个知识点，思路非常清晰，一顿"狂写"之后，基本都是提前半个小时就交卷了。我把这种考试上的从容归功于以上介绍的学习方法：快乐学习、优质睡眠和运动带来的极佳状态。

分段学习法

大部分人在学习外语时会遇到一个问题：汉语会对外语的记忆产生干扰。这个在心理学中被称为心理抑制。

遗忘中的心理抑制现象有前摄抑制和倒摄抑制之分。在记忆过程中，如果先学习的内容对后学习的内容的识记和回忆有干扰，这种干扰作用就称为前摄抑制。相反的，如果后学习的内容对先学习内容的保持和回忆有干扰，这种干扰作用就称为倒摄抑制。

比如刚才提到的汉语对外语的影响就是前摄抑制。相反，当熟练运用外语后，如果发现说中文的时候不自觉地用外语语法，这就是倒摄抑制。

针对这个问题，我自己有一个比较好用的解决方法，也是我多年来养成的**第四个学习习惯：分段学习法**。这个学习方法可以很好地避开记忆的前摄抑制和倒摄抑制。

那么，如何运用分段学习法？通俗地讲就是当你需要背诵一段很长的法律文献或者法律条文等知识点时，死记硬背的效果可能并不好。那么这时就可以采用分段学习法，步骤为先通读全文，抓住段落间的意义联系，再分段学，最后归纳成整体。

以上就是使我在学习过程中受益良多的四个学习习惯，希望对当下的你有一些启发。同时，请一定相信，好的学习习惯可以让我们学得更快乐，学得更高效。你也去试试吧。

提高学习能力的三个维度

　　学习可分为两类，一类叫"以知识为中心的学习"，另一类叫"以自我为中心的学习"。"以知识为中心的学习"也叫学院式学习，是以通过考试或者科学研究为目的，主要强调对知识的理解、记忆、归纳。"以自我为中心的学习"也叫成人学习，主要强调解决自己的问题、提高自己的学习能力。

　　那么，如何提高自己的学习能力就属于"以自我为中心的学习"的范畴。这类学习主要涉及三个维度的能力：内化和应用知识，分析和整理信息，追问和反思经验。

　　"以自我为中心的学习"可以帮助我们建立自己的知识体系，达到知行合一。当你掌握了这种方法后，无论是学习专业知识的能力，还是学习某种技能用于解决生活中的具体问题的能力，都会得到相应的提升。

内化和应用知识

内化和应用知识的能力，是学习能力进阶的基础。

我从小有着极好的英语基础，获得了很多英语竞赛、演讲比赛的冠军。上了大学我发现，经年累月的英语学习经历，竟然可以让我在面对喜欢的法语时，同样游刃有余。也是这时我才发现，自己不仅可以熟练地使用英语，还可以依靠它去反哺我的其他学科。

我在大学的时候选修了法语，当时主要上的课程是法语文学课、法语口语课、法语听力课。学了一段时间之后，我发现其实语言学起来都差不多。当你精通了一门语言，再学习第二门语言，甚至第三门语言的时候，你会发现你能更快地精通这些语言，有一种学什么语言都不难的感觉。

确实是这样，同系语言会有一些对应关系和相似之处，寻找贯穿各种语言的规律和单词的共性，可以让我们更快地学习新语言，而这就是内化和应用知识的能力。

当年，我去学法律，很多人都说法律难，尤其我还跨了学科。但我却觉得法律并不难，事实证明我确实学得很好。只要我们有较强的理解能力、逻辑分析能力和记忆能力，就可以去尝试学一个新的专业，并不会有太大的学科壁垒。

那么为什么很多人出国学习法律遇到了很多困难呢？主要还是因为语言障碍。出国学法律，不仅会遇到学科壁垒，还有语言壁垒。而我的语言能力，再一次派上了用场，让我顺利地叩开了法律专业的大门。

所以你看，学习一门学科很重要，内化和应用知识的能力更重要。

分析和整理信息

分析和整理信息的能力，是学习能力进阶的重要方面。

我们通常都被纷杂凌乱的知识笼罩着，如果无法将这些知识整理好，那再努力学习也还是事倍功半。

有一个很简单的例子：很多人都会做笔记，但是往往执着于把老师提到的每个知识点都记录下来，甚至把老师的课堂内容全部录下来，或者把课件打印出来。这些方法是会对我们的学习有一些帮助，但是不会太大。因为这些都是基础性工作，如果只是拘泥于重现课堂内容，那么学习效率仍旧不会有很大的提高。

我们需要把这些内容进行归纳总结、分类整理、深度分析，使其更有条理，并成为我们未来学习的武器。

完成这些步骤之后，笔记不仅方便我们以后查阅，更方便我们发现知识体系薄弱的地方，使我们能及时查漏补缺。

我上课的时候能形成大概占课堂内容60%的笔记，但这并不能作为复习的直接依据，我还需要在下课后再听一遍录音，继续整理笔记，把老师的内容和我的实际需求结合起来，形成较为科学的复习材料。

这部分的工作虽然占据的时间和精力比较多，处理起来也比较繁杂，但是这个过程却是使我们真正长本事的关键。

追问和反思经验

有了上述这些能力，并不一定能取得成功，也并不能立刻就见效。这时就需要用到我所要讲的最后一种能力：追问和反思经验的能力。

追问和反思，是温故知新、审视自省的过程，也是完善学习能力的必要举措，尤其是当我们要做出选择的时候。

比如升学时，你要对所选的院校、专业，甚至你要进入的领域，有一个透彻的了解。首先，这个功课你要做好。其次，你要征求身边人，比如你的教授、导师、家人的意见。总之，你要多找几个你比较信任又能够给你一些良好建议的人，听听他们的意见。

之后，你可以把选择的利弊列出来，把它清单化、可视化。这个时候，其实决策已经做出来了，而且这样做出来的决策一般来说不会错得离谱。

其实三五年之后，你再回头看，真的没有所谓的错误决策，即使错了又怎么样？谁还不犯错误呢？而且，当你做完一个选择后，不要一直纠结选择本身是对的还是错的，而是该集中精力想一想怎么把选择变成最正确的决策。

提高学习能力，是多数人迫切的需要，方式方法却很难提炼，更难执行，但是一旦学会这些，对我们的帮助是极其巨大的。

所以，我花了很多的时间思考这些方法，也把自己的体会分享出来，希望我的个人经验能帮到大家。

2

有效沟通

快速让对方觉得你懂他

2

本章内容

打破障碍，是高效沟通的基础

充分准备，打造完美沟通

减少沟通阻力，提高沟通效率

学会倾听，懂得换位思考

真诚，是完美沟通的前提

全面提升个人表达能力

打破障碍，是高效沟通的基础

    沟通是人们为了实现共同的目标，而进行的思想与情感交流的过程。在生活中，有效的沟通可以加深人与人之间的亲密感；在工作中，有效的沟通可以提升工作效率；在学习中，有效的沟通可以增强我们对知识的理解与应用。可以说，沟通能带给我们无限的好处。

    然而现实生活中，人际沟通的障碍无处不在，严重影响了沟通的质量。沟通障碍是指人与人之间、团体之间交流意见及传递信息时所存在的困难。沟通障碍导致沟通效率下降，甚至可能导致无效交流，引发误会，从而影响人与人之间的良好关系。

    所以说，如何降低沟通障碍产生的不良影响或者说克服沟通障碍，实现有效而又高效的沟通对于人际交往来说至关重要。

接下来，我有几点建议，希望可以帮助大家在沟通中顺利"破冰"。

学会倾听，是沟通的前提

沟通有一个非常重要的前提，那就是倾听。但是，倾听常常被很多人忽略。

有些人觉得，我跟这个人说他听不进去，我跟那个人说他没什么反应。整个交流下来，没有什么成果。

每个人在沟通的时候都是想先把自己的立场表达清楚：我想要怎样，我想要达到什么目的；但其实这样是无法良性沟通的。

如果真正想要跟他人建立长时间的良性沟通，从某种程度上讲，你要成为对方的朋友，不然对方不可能敞开心扉对你表达他真正的所思所想。如果他成了你的朋友，就会听你说话。

我们都知道，人人都喜欢愿意听自己说话的人。

举一个我在电视台开会的例子：我曾经主导策划过一个节目，因为节目的很多细节需要落实，我和台领导沟通了很多次，次次长达两三个小时。可能有人会想，这是多大的一个节目，用得着聊这么久？但其实我们在聊天的时候，碰撞出了很多创意。

虽然很多次沟通的时候大家都有跑题的感觉，但这些沟通依然让我们对节目的价值观有了更深的认识，也同步了上下级观念。反思聊天的过程，其实我并没有说太多，主要是对方在讲，但每次聊完以后，我都能学习到很多新东西，而台领导每次都很开心，对节目也越来越有信心。

所以，在跟工作中的领导、合作伙伴，以及生活中的爱人、朋友等沟通的时候，你首先要学会倾听。只要你真正听进去他们讲的话，就能让他们感觉到你的诚意。

而且倾听其实是一件很有趣的事情。在这个忙碌的世界里，真正能当好"倾听者"的人并不多。如果你能成为一个"倾听者"，一定会变得非常非常受欢迎。

控制情绪，刻意练习

在沟通过程中，人的情绪会影响双方接收和反馈消息的方式，从而改变信息的表达和理解程度。

相信很多人都有过这样的经历，当你觉得紧张或者愤怒时，语言表达会有些失控，大脑所想的和口中表达出来的不太一样。这样就在一定程度上造成了沟通障碍，情况严重时还可能会激发双方的矛盾。因此，人要学会控制情绪。

很多人在情绪化的时候说了一些过头的话，说完立马就后悔了，甚至一年以后还在回想，如果当时能控制住情绪就好了。倘若控制好了情绪，那么事情的结果可能就会大不一样，跟对方的关系就不会弄僵。

因此，我要给所有人，尤其是刚刚步入职场、年轻气盛的毕业生一个建议：话到嘴边留半句。面对事情的时候，要保持冷静，控制好自己的情绪，这不仅会让自己做的事有好结果，还会给其他人一种沉着、能干大事的印象。

当然，真正地控制好情绪，是需要时间的磨砺的。从现在开始锻炼，刻意练习，可以让自己更快地成长，而且这份收益会让我们在以后的人生中不断获得意想不到的惊喜。

消除偏见，拒绝"贴标签"

偏见是因为事物与自己的主观观点不符，加上感情的偏好，所造成的消极态度倾向。

当沟通的双方处在不同视角时，不仅会阻碍双方进行相互了解，还容易根据表象做出刻板判断。这样会导致自己对对方产生偏见，从而使得自己留给对方的印象不够正向。

比如说，有人问我怎么考上的哈佛大学。当我告诉他，我是凭借自己不懈的努力以第一名的成绩考进去的，他一脸质疑，表示难以置信，甚至还说，长得好看就够了，学习好不如长得好。这种偏见，我觉得是最应该摒弃的。这种随意给别人"贴标签"的行为，就相当于戴上了偏见的有色眼镜，会影响自己对事情的判断，也会给别人留下非常不好的印象。

所以，我特别想跟大家分享一点：要用批判性的思维去看待事物，但是绝不要用"贴标签"的形式去判定。即使一件事情有人定义过，你也要多听、多观察，理性评估以后，再做判断。

也只有这样做，才能真正丢掉对事物或人的固有印象、标签以及偏见，才不会给别人一种狭隘的感觉，从而促成和他人的一次高效、客观、公平的沟通。

充分准备，打造完美沟通

一次有效的、正向的、完美的沟通，代表着沟通双方既准确无误地传达了自己的思想，也倾听理解了对方的观念、想法并给出反馈，并且在不断交谈中，达成共识。

其实要做到这一点，说易不易，说难不难，关键在于前期的准备工作。有句话说得好，"不打无准备之仗"。只有做好充分的准备，才能获得理想的沟通效果。拿我自己来说，我就是特别认真的一个人，主持电视节目、对话嘉宾、执导拍摄影片、进行直播都很认真，都会提前做很多准备，准备的认真程度甚至会让很多人觉得没有必要。但是"笨鸟先飞"这句话我一直铭记在心。我们可以换个思路想一下，笨鸟先飞都能飞得好，那要是不笨的呢？要是你可以"不笨先飞"，做好充足的准备，那你不就会拥有更大的优势吗？

保持对沟通对象的好奇心

沟通是双方的事情，进行沟通之前一定要对你的沟通对象有所了解。即使谈不上"知己知彼"，至少也要对对方的性格、经历等有所了解。

作为主持人，我经常会与各行各业的领军人物对话。以访谈节目中的对话嘉宾为例，只有对嘉宾的经历、成就等做过详尽的调查了解，才能避免无意中触犯他人隐私或者踩中雷点，才能把握对话过程中的逻辑主线。这样不仅可以使整个对话顺畅进行，还可以将对话的意义深化，同时，也可以让嘉宾的形象更立体。

就我的工作来说，这种对话是一种镜头前的高浓缩的沟通，这种沟通对我的专业要求非常高。我在哈佛大学的时候，曾对话万科集团的创始人王石先生。为了那场对谈，我读了他写的三本书，看了他之前所有的访谈视频。我深入地了解了他的所说所做，在那场对谈之前，我感觉自己对他的了解程度已经不局限于一个采访者对受访者，而是更像朋友。

这种对沟通对象保持好奇心的习惯，我也一直保持到现在。

敲重点：作为一名主持人，提前了解沟通对象是一件非常必要的事情！

再敲重点：不是主持人，提前了解沟通对象也是必须的。比如说去面试，你对这个公司了解吗？你对公司所在的行业了解吗？这家公司在这个行业里是什么地位，它最近在做什么项目？如果这些你都不了解，你往那里一坐，对方就能看出来你没有做任何准备。即便有些人一开始伪装得很好，一旦深入交谈，也藏不住了。面试官都有自己看人的方法，还是不要心存侥幸的好。

确定分享的内容，刻意练习

只要跟人沟通，就要准备好内容，也就是我们要跟对方说什么，自己心里一定要有谱。

如果你是一名学生或者职场新人，做不到出口成章，那么我有一个有效的沟通方法分享给你：沟通之前写下交流清单。要说什么、应该怎么说……把能想到的问题都写出来，然后建立一个框架。写下交流清单可以帮助自己梳理交流的思路以及重点，我们的脑子可能记不住的某些想法，纸和笔却可以。

当然，只确定了自己要说的话还不够，还要为自己能流利地表达提供保障。在正式沟通之前，可以自己先多练习几遍。我每次参加演讲比赛前，都会练习很多遍，来保证自己面对那么多人演讲时不胆怯。反过来想一下，如果我们不做准备，现想现说，当面对我们的同事、领导、客户、老师等时，就可能会因为紧张而使脑子里一片空白，不知道自己说的是什么。

我们除了做自己，还要"做别人"。就是说，我们要设想别人会对自己说的话产生什么反应，是赞同还是否定，会向我们提出什么问题。尽量把这个过程想得全面，然后提前想一想自己的回答。做好备用方案，再多意外都不怕。

好形象，带来好印象

在人与人的相处中，会存在一个现象，叫作"首因效应"。这是由美国心理学家洛钦斯提出的，指双方之间第一印象对今后交往与关系的影响，也就是"先入为主"。我们在别人心中的印象，并不是一成不变的，但第一印象却是整个过程中最鲜明与最深刻的。

所以，当我们和别人第一次见面的时候，一定要展示自己的好形象。就像罗振宇说的："只要愿意修饰自己，一个人的自我评价就会变高。"

参与任何活动时，外在形象首先要做到让自己满意，这是我对外展示自己的最低标准。在面试、洽谈等比较正式的场合，我会化淡妆，梳干净利落的发型，然后搭配大方得体的服饰。这样既能够显示出自信与专业，也会让别人第一眼就觉得我靠谱，值得相信。有了好的开始，后面一切都好谈。

一定要注意一点，如果你不擅长造型和穿搭，就不要乱来，起码要保证不出错。

"人靠衣裳，马靠鞍"是有道理的，但不是好看的衣服就会衬得人精神。现在很多男生、女生都会买名牌服饰，穿得浑身品牌徽标，混搭各种颜色，力图显得很贵、很时尚，但其实过于杂乱会让人找不到重点，反而给人留下"俗气"的印象，还不如简简单单、干干净净的，让人挑不出毛病。虽然简约，但简约也要穿出高级感。比如面试的时候，首先可选正装，正装是怎么穿都不会出错的。其次就是套装，得体、不花哨的套装很适合那些纠结怎么搭配的伙伴们。

最后，选择让自己舒服的搭配。世界上最了解自己的人当然是自己了，怎样突出个人特色，就全赖个人经验了。记得：整体颜色不要超过三色！

减少沟通阻力，提高沟通效率

所谓的沟通效率，即信息传递是否及时、信息传达是否准确。在沟通过程中，各种障碍都会影响沟通的及时性、准确性，从而导致沟通效率降低。作为一名主持人、一个传媒公司的首席执行官，以及一名大家口中的学霸，在生活、工作、学习当中，我都特别注重效率。

提高效率对每个人来说都是一件特别重要的事情。

在沟通方面，我有三个原则：能当面说就当面说。面对面传递信息出现误差和引起误会的可能性是最低的。打电话是第二选择。往往有很多种因素导致两个人见不到面，这个时候电话沟通可以把彼此交流的距离拉近一些。如果前两种方式都没法实现，最后，也就是第三选择才是发信息。但是纯文字信息很容易让人产生误会，因为文字无法完全包括面部表情和语言语调所传递的信息，不同的人对相同文字的解读和感受也很难完全相同。

除了三个原则，还有几点非常有用的沟通小诀窍，接下来我分享给大家。

先说"您好"，然后单刀直入

现代人碰面沟通的时候都有一个通病——啰唆。有时候，它可以用好听点儿的词替换，叫寒暄。适当的寒暄还是必要的，过于直接有时候可能会引起对方的不适。我们可以用适当的寒暄去调整一下聊天气氛，然后进入主题。

当好不容易讲到正事时，你讲话的主题一定要明确，不要再拐弯抹角。拐弯抹角地讲正事，再有耐心的人也没耐心听了。寒暄是要分场景、分时间、分事情的，恰当的寒暄可以增强亲密感，渲染气氛，给双方愉快的感觉，但过度的寒暄会让人觉得啰唆、说话没有重点，可能还会引起他人对我们能力的怀疑甚至不信任。

不要不懂装懂

很多时候，沟通双方来自不同行业、不同阶层，这就意味着双方的工作经历、人生阅历等没什么交集点。这样，在信息的理解方面，可能会出现很大的差异。

这个时候承认自身的局限性也没什么不好意思的，真的不懂就直白地讲出来，不要不懂装懂。当别人知道你不是很懂某个事情的时候，他可能会讲得更多更细，这样互动下来，你可能收获更大。

在我读法学院的时候，教授们都特别鼓励学生提问。大家经常会见到上课的时候老师正讲着某个话题，突然有学生问他在某本书上看到的知识是这样的，为什么这里不一样，而老师也会非常耐心地去解答学生的问题。这种通过提问甚至辩论来学习的方式，有利于学生形成批判性思维。

年轻人要用批判性思维来面对问题。遇到事情时，要在自己的心里打一个问号，对一切都要保持不懂就问的态度。比如刚入职场的新丁，当领导交给你一项工作，但你不是很清楚怎么做的时候就一定要问。因为如果你不问，领导就会认为你会。当结果不如领导所料，领导肯定会质疑你的工作能力。当你把疑问表达出来，自己会形成一个更完整的思路，领导也会给你比较有针对性的指点。

职场的小白一定要把握好不懂就问的机会，这种机会是大家获得成长的关键时机。

你的意思是这样吗？

沟通最完美的结果就是他理解你的意思，你也理解他的意思，双方在沟通中达成一致的结论，交流的信息可以被双方完美复刻。而现实情况是，理解存在差异，这在交流中的比例还是蛮高的。

我用过的最实际、最有效的一个办法就是在沟通的最后，留出时间，双方再次确认对方明不明白自己说的是什么。比如，领导或者同事交给你一份工作，在他说完以后，你可以以自己的理解复述一遍，然后问对方自己理解得是否准确。当大家确认了沟通内容后，其实这件事情已经成功了一大半。

最后的理解确认其实就是扫清你在沟通当中遇到的障碍，不管是走神还是理解不透彻，在最后都有一个机会复盘，向对方、向自己确认要做的事情，为沟通加上双份的保险。当你能保证自己完全理解对话核心内容再推进工作的时候，领导和同事都会对你刮目相看。

学会倾听，懂得换位思考

　　每个人都想通过会说话赢得好人缘，所以都想优先表达、展示自己。只是，在表达的过程中一定不要忽略了沟通的另一面——倾听。

　　倾听是沟通的前提，没有倾听，就构不成沟通全过程。有的人感觉倾听很容易，你讲我听着就好了，多简单！但实际上，做一个好的倾听者并不容易。正因为不容易，一旦你做到了，就会有非常好的效果。

　　其实，会倾听同样能让你在沟通中赢得对方的好感。假如跟人沟通时不听只说，就算你巧舌如簧，也不会达到有效沟通的效果。

　　我有一个关系特别好的闺密，仔细回想我们两个人的相处，发现她一直在倾听。每次我跟她讲什么，她都听得津津有味，然后我就会想，怎么我说什么她都爱听呢？这不禁又激发了我的表达欲望。大多数时候，我是一个遇到事情选择自己消化、不会轻易跟别人说心里话的人，但是面对这个闺密的时候，我就控制不住我的话匣子。因为她的倾听，让我想和她聊更多。

大家可以想想自己身边最好的朋友，大概率不是那个总跟你滔滔不绝讲话的人，而是那个你愿意跟他滔滔不绝讲话，他愿意倾听的人。

做人人爱的倾听者

心理学研究发现，越是善于倾听的人，跟他人的关系就越融洽。这就说明当你真正愿意倾听别人讲话的时候，别人才愿意对你敞开心扉。所以，我给大家的一个建议就是，真正走近一个人最好的办法就是做他身边的那个忠实的倾听者，这算是走近一个人最基本的步骤吧。

那么，如何成为一名真正合格的倾听者呢？

首先，用你的肢体语言告诉对方，我在认真听你讲。当你在和别人交流的时候，你的姿势会影响对方交流的意愿。如果你采用双手抱胸的姿势，会给人防御感，别人就会觉得你可能不想听了。所以在跟别人沟通的时候，你可以选择一个比较适当的距离，用放松的姿态来迎接你们的交流。

其次，做好面部表情管理。如果别人在讲他遇到的一件好笑的事情，你却面无表情甚至愁眉苦脸，那就是给人家的好心情泼了一盆冷水，相当于直接说不想听、没在听。同样，对方讲很伤心的事，只要你认真听进去了，就肯定不会带着微笑的表情。所以让自己的表情跟对方表述的内容同步，绝对可以展示自己在沟通中的诚意。

除了面部表情要管理好，眼神更加不能少。在《每个人的身体都在说什么》（*What Every Body Is Saying*）这本书中，美国联邦调查局前特工乔·纳瓦罗讲过眼神的重要性。当你看见喜欢的人时，你的眼睛会不自觉睁大，眉毛会上扬，这是一个自己可能都察觉不到的变化，但确实展示出来高兴的心情；当你看见不喜欢的人时，你的眼神会回避那个人。所以说，眼神其实是很能透露你的真实情感的。

在跟别人交流的时候，眼睛要注视对方，偶尔眨眨眼表示"你说得挺对""我在听"，对方才有动力继续跟你说。要是东张西望，对方就很难有和你继续谈话的欲望了。

还有，在需要你说话的时候才说。很多人都会遇到一种让人恼火的现象：我在这里说话，那个人总是插话，就不能等我说完再说吗？这么着急干什么！所以说，不要在别人说话的时候随意打断，表现自己也要看时机。等别人展示完自己以后，接下来都是我们自己的说话时间（show time）。

当然，该说不说也是不对的。有的人在跟人沟通的时候是希望得到回应的，当他把自己的想法表达完，我们可以做一些适当的共情。有时候很简单的话语就可以取得好的效果，比如"真的呀，原来是这样！""我太感动了！"等。偶尔，还可以提一些问题。如果你不是特别明白对方的话是什么意思，提问既能回应对方，还能展示出倾听的诚意。只是，问题不能太多，问得太多会让对方思维混乱，不知道怎么回答，谁也不是"十万个为什么"，几个问题就足够了。

最后，最重要的就是真诚。合格的倾听不是敷衍，更不是表演，因为真诚的赞美、认同和假惺惺地拍马屁给人的感觉是完全不一样的。真诚是装不出来的，当对方跟你交流时，你要带着一个新闻记者的探索和挖掘的心态去聊天。真诚可以告诉对方，你在用心听他讲。

做好自己，也学会换位思考

"以小人之心，度君子之腹"，这句老话，在某种程度上也可理解为在人际交往中，我们常习惯以己度人，习惯用自己的标准去衡量别人的行为、衡量周围的事物，并把自己的感情、意志、特性投射到其他事物上。

美国前总统林肯就曾这样说过："我会用三分之一的时间来思考自己以及要说的话，花三分之二的时间来思考对方及他要说的话。"这就是告诉我们，无论做什么事情，要想做到知己知彼、有的放矢，就必须首先做到换位思考。

换位思考是很难得的。两个人争吵的时候，站在别人的角度想一想，争吵可能就不会发生了。我觉得很多人在遇到问题或发生争执的时候，都是首先说别人有什么问题，即一有问题，矛头就指向别人。如果我们都能够站在对方的角度重新审视，可能就会发现自身的问题。如果双方都能发现自身的问题，我觉得这个世界上的很多争执及其可能引发的一系列恶性事件就都能够避免了。

当我们站在别人的角度看问题时，一定能让彼此的关系更加和睦，也可以更好地促使问题得到解决。因为解决了他的问题，也就解决了你的问题。

真诚，是完美沟通的前提

没有一个人愿意和满口假话的人做朋友，因为即便你们是朋友，即便你自己费尽心思去判断，你也没办法确定对方对你说的话哪些是真的，哪些是假的。

与人交往、沟通时，只有真诚才是最好的选择。真诚可以拉近两个人之间的距离，当你用真诚对待别人的时候，别人也会用真诚来回馈。真诚可以换来无条件的信任，这样就避免了误会的产生。

真的我就是这个样子

说话可以直接影响别人对你的看法。比如，你究竟是一个冷漠无情、自私自利的人，还是一个乐观快活、诚实向上的人，都能从你的话语中判断出来，然后判定你这个人值不值得交往，交往的程度可以有多深。

所以，说话的时候要真诚，至少做到不夸张。

现实生活中有很多夸张的人。他们会夸夸其谈，会夸大其词，不够实事求是。比如说企业没有那么大，但为了赢得对方的信任或者给人一种实力雄厚的感觉，把实际情况夸大。这种行为可能会导致一个很不好的结果，那就是朋友没交成，生意也丢了。所以，沟通中要实事求是，切忌夸张表述。

我认为实事求是是真诚的前提。我之前在海外求学，感受到国外各种不同的文化，也感受到了不同文化所带来的沟通方式的不同。外国人有个特点：沟通都很直接。现在国内的年青一代的沟通方式也都非常真诚和直接，快速推进了许多非常有价值的合作。

对于年轻人来说，夸大自身实力并没有什么好处，反倒是踏踏实实、实事求是，更容易让他人对你建立起信任。

你的"真"，对了吗？

我们常说，夸奖赞美，一定要真诚。那么怎么做到真诚地夸奖和赞美呢？

赞美别人是一件美好的事情，也是人际交往当中必备的美德。双方交往，不管是朋友关系、恋人关系，还是同事关系，对方都希望听到你真诚的肯定和赞美。赞美一定要发自内心，一定要摒弃阿谀奉承。

夸奖，只有真诚还不够，你的真诚还要有技巧。在夸奖别人的时候要有依据：这件事情确实做得很好，好在哪些方面你要讲出来。比如说我公司团队里的小伙伴，我给她布置了一项任务，她完成得很好。这个时候，我会表扬她调查得认真，发挥自己的主观能动性，主动地去进行思考，并很好地解决了问题。这个时候我给她的赞美和夸奖是很真诚的，因为我看到了她工作的过程，我的夸赞也有理有据。

赞美是要有含金量的：赞美和夸奖别人之前，要好好想一想赞美的落脚点。举个例子，你可以分析一下这个人哪些地方确实值得我赞美，确实值得我学习。经过这番思考之后，你说出来的赞美和夸奖，会让对方明白你真正地看到了他的闪光点。比如说我，你要是赞美我漂亮，我会很开心；但是你若说我在做那么多事情时都无比努力和用心，我会更开心。

把"假"丢掉、丢掉、丢掉

这个世界上，有真心有假意。我们说不要夸张，要实事求是，要真诚一些，而对于谎言、假话就更应该拒绝。

谎言是没有终点的，当你撒了一个谎，后续就要撒更多的谎来圆前面那个谎。撒谎撒到最后，漏洞百出，随时都可能被拆穿。

或许有的人因为一时的谎言得到了好处，但是当谎言被戳穿的那一瞬间，失去的东西会比得到的更多，最重要的是会失去你个人的信誉。

谎言欺骗的不只是别人，更是自己。我曾看到一则新闻，一个人说自己是一位将军，然后借这个身份骗了数十人，骗了上百万元，被抓的时候，他竟然真的以为自己是将军。当然，最后等待他的是法律的制裁。

一个人撒谎，随时都可能被人察觉，尤其是面对阅历比你丰富、年龄比你大的人。或许他人察觉到了不会直接戳穿你，但是在心里已经默默给你打了叉，要疏远你了。

所以，谎言一定要丢掉、丢掉、丢掉。

全面提升个人表达能力

　　表达，体现的是一个人说话的能力，敢不敢说，会不会说。表达的前提是要张口。现在很多人过于依赖手机上的各种聊天软件，以至于到了现实中需要张嘴说的时候，不知道该说什么，怎么说。也正因如此，大家渐渐变得不会表达，变得沉默，无法展示自己的个性，也很难让其他人真正了解自己。

　　其实你的表达能力高与低，你的演讲水平高与低，主要取决于两大因素：三分看内容，七分看表达技巧。

　　作为主持人的我，这里就分享几个可以帮助大家提升个人表达能力的小妙招！

腹有诗书气自华

三分内容指的是你要表达的内容只占30%。在涉及专业知识的沟通中，我们掌握的专业知识就是我们的"底气"。强大而有效的表达首先要有足够的知识来支撑，所以要勤于学习、勤于积累、勤于扩宽自己的知识面，达到"腹有诗书气自华"。

内容靠知识，而知识靠积累。如果你是学生的话，你的一个巨大的知识来源就是课堂。学生在上课的时候专心听老师讲课，课下继续去学习、去探索，是非常好的课堂与课外结合学习的方式。所以，我在这里建议学生们，好好听课，厚积薄发。

如果你已经步入职场，那么除了日常工作带给你的经验积累，还要多读好书，增大你的阅读量，来给自己建设一个内容储备库。

技巧不用多，几点就足够

有了三分的扎实内容，剩下的就要看你七分的表达技巧了。除了让自己懂专业的知识，还要表达得让别人能听懂。

现在很多人参加会议的时候，会发现这样一个现象：台上的人滔滔不绝地讲着专业内容，台下的人昏昏欲睡。

而有些演讲却有另一个效果。台上的人演讲的内容虽然也具有专业性，但整个演讲通俗、生动、接地气，观众会觉得他讲的这些内容和自己有关，听得很带劲，且有参与感。在这里我们可以说，不是前者讲得不好，也不是后者讲得多好，只是后者明白要用通俗的方式来讲述专业的内容，让听众参与进来。

除了内容，好听的声音和恰当的姿势也是加分项。做演讲，首先，你的声音要好听。要通过多次练习，找到最适合自己的音量以及音色。其次，要注意你的肢体语言，演讲的时候肢体动作要根据内容适当地变化，比如内容震撼人心的时候握个拳，内容搞笑的时候做个诙谐的小动作，同时跟观众进行眼神的交流。

这些小技巧可以把我们的讲话内容变得更生动有趣。当你能将话讲得让别人爱听的时候，你的演讲水平才是真的高。

足够的底气造就足够的自信

想要正确地表达，只有内容和技巧还不够，还需要一个很关键的东西，就是自信。

当你的内容和表达技巧都掌握得很好以后，你的自信自然而然就来了。当你更自信时，你的表达就会变得更流畅，这是一个良性的、有促进作用的循环过程。

自信是可以有意识地去建立的。在日常生活中，我们可以经常引导自己多说充满自信的语言，比如"我一定能够流畅地表达自我"等。在长时间的刻意练习下，我们便会养成用自信的语言、自信的语气说话的习惯。流畅的表达是长时间积累得来的，要通过一段时间的训练和培养才能获得。

很多人可能只看到我在舞台上、在摄像机前自信地表达和展示自我，却看不到我成为今天的样子所付出的所有努力。我从小就参加各种演讲比赛，在舞台上表演才艺、主持节目，我将自己一次又一次地展示在观众面前，大家对我的认可越来越多，我变得越来越自信，这种变化是我能深切感受到的。自信的建立不能只靠我们自己检验，关键要看大众，实践中获得的自信才是真正的自信。

给大家分享一个方法：大学时，我私下里会对着镜子演说，用手机录下练习过程，反复观察自己的表情、肢体，逐步修正小毛病。我们平常是看不到自己讲话的，对镜练习、用手机录像就很简单地解决了这个问题。

当你能够自信大方地进行交流，在整个对话结束后，对方能有一种"这个人口才很好""这个人值得交往"的感受，就说明你的表达能力很棒啦！

3

时间管理

把时间花在重要的事情上

3

本章内容

通过管理让时间的价值最大化

树立"现在事，现在毕"的观念

把时间划分为25分钟一单位

制定奖励机制，增强执行力

拖延，是世界上最容易压垮一个人斗志的东西

利用拖延症后果激将法

通过管理让时间的价值最大化

将时间切割成易利用的时间段

当我们决定做一件事情的时候往往会面临截止时间，这就需要我们对固定的时间进行管理，使其被最大化利用，从而达到成事的目的。

时间分配管理，说起来简单，但却十分考验我们的工作能力和意志力。那么，如何进行有效的时间分配管理呢？首先要学会将时间切割成易利用的时间段。

当初我考纽约律师执照时，可以说做了非常详细的时间规划。每个人一天的时间只有24个小时，再怎么挤也是有限的，那么如何提升时间利用的效率就变得非常重要了。

纽约律师执照可以说是全世界最难考的律师执照之一，有人戏称它是美国律师界的智力门槛。至于它的考试难度，我这么解说吧——那天我从考场出来以后，有一种这辈子再也不想考试的感觉！

对于我来讲，参加纽约律师执照考试，其实是完全处于劣势的。因为我的第一法学学位是学习英联邦国家的法律获得的，而不是美国法律。虽然二者都是普通法系的法律，逻辑和背景相同，但仍然有很多细节上的不同。比如两者虽然都是以判例法为主要法律形式，但在各自国家适用时却被不同对待。英联邦国家的法律重视法官在法律中的作用，法官在长期的审判实践中创造出判例法，法官的判决本身就具有立法意义；而美国法律中判例法和制定法并重，学理和实践互补。考试前，我只有两个月的时间备考，而且竞争对象是美国当年毕业的优秀法学生。说起来也有趣，我在获得哈佛大学录取通知书之前就已经通过了纽约律考，虽然在去哈佛大学前，我没有在美国学过法律。也就是说，我把别人三年掌握的学习内容，在两个月内集中学完了。

大家都知道，学习和备考是两回事。学习是日积月累的事情，而备考的过程则需要理论和实践的加持，需要不断地去刷题，查漏补缺，精准查找自己的弱项。而两个月的备考时间对于任何一项重大考试都是非常短暂的，何况是备考纽约律师执照考试。所以，这个过程对我的学习能力、时间管理能力、自律性、记忆力等，都是极大的考验。

那么，在那两个月中，我做了什么呢？当时我把自己关在家里，认真梳理了十几门课的内容，并制订详细的学习和刷题计划。同时按照时间管理方法，把两个月划分为四个阶段。

第一阶段，理论学习，为期一个月。我用一个月的时间学习和消化了美国法学生三年学习和考试的精华内容。

第二阶段，大量刷题，为期三个星期。我借了一套美国律考的书籍，分科目每天严格坚持系统性刷题。

第三阶段，考前冲刺，为期一个星期。我做了几套模拟考试题，营造考场气氛，按照考试标准进行模考并为自己打分。

第四阶段，适应美国时差，这和第三阶段同时进行。为了倒时差（12小时），我提前一周抵达了美国。

以上这四个阶段的划分不是我一拍脑袋的想法，而是基于大量的理论和前辈的经验分享设定的。至于考试的时间，我是按照每个部分的难易程度以及重要性进行分配的，这种分配方式更有利于提高时间的使用效率，而且也有整体的逻辑关系。

每个阶段的任务坚决按时完成

时间分配只是时间管理的一个前置条件，最重要的还是管理。而管理，更多的是针对自身对时间规划的执行力而言的。

你必须拥有足够强的意志力，去将每个阶段的任务按时完成。也只有这样，时间分配才有意义。

第一阶段，我用一个月的时间对十几门课程进行了系统的学习、理解和消化。我首先拿出一小部分时间，制订每日学习计划，对自己的时间进行细化分配。具体来说，我一门课一门课地看备考课程的精讲视频，把美国学生在三年里掌握的知识和重要考点，在一个月内理解消化了。

那个月里我每天8:00起床，起床之后先去做60分钟运动。在那种高压下，身体的管理特别重要。所以，当时的我每天早上先去跑步，再去做力量训练，一边运动，一边听课程音频，分秒必争。运动促进多巴胺的分泌，即便是在很疲劳的状态下，也能使我立刻恢复精力。运动以后我还要洗澡，就连这个时间也不放过，在浴室里也听考试需要背诵内容的音频，大声地播放，边洗边听。

9:30，我要求自己必须坐在书桌前，开始一天的学习。为了缓解疲劳，提高效率，我会坐一个小时、站一个小时，用两种姿势交替学习。

同时，我把时间表打印出来，督促自己严格执行。第一个月下来，跟原先的计划一点偏差都没有。每天要学哪些内容，要巩固哪些内容，完全不差，执行得非常好。

刷题阶段，我必须在规定的时间内刷完几千道题。一般只有在完善自己的知识库之后，大家才敢去尝试做模拟考试题。所以，当时我分配出了两个星期的时间，去刷自己的薄弱项题目，制作错题集锦，反复巩固。纽约州律考著名的两百道选择题是考试中最难的部分，很多人因为过不去这一关，考了多次都无法通过。这两百道题是多选题，把所有科目的所有知识点顺序都打乱了，以此来考验考生的判断能力和应变能力。考生看到题之后首先要判断考的是哪科，是刑法，还是契约法；之后，考生需要立刻判断此题考的是这门科目的哪个知识点。我当时用了三个星期的时间去刷选择题，每天刷完题后会再把错题单独拿出来分析和巩固。

之后，我便进入为期一个星期的冲刺阶段，在这个阶段对之前所有的功课进行快速复习，同时进行模拟考试。

针对性适应

最后，也是最重要的一个阶段——针对性适应。经过前几轮的学习对自我复盘，有针对性地巩固知识，吸收内化。

由于纽约律师执照必须在美国本土考试，但我是在中国备考的，所以要考虑时差的影响。于是我提前一星期到了美国，倒时差，同时继续复习。我当时给自己的要求就是一定要一次通过考试，不留任何余地，没有退路。而我在考试结束的那一刻就知道我一定通过了。这是一个很多考生考了很多次才通过的考试，我知道有人考了十二次才通过。

纽约律师执照考试是在2月份。

拿到成绩已经是两个月之后的事情了，我依稀记得自己当时考了综合前2%的排名，这对于我这样一个外国考生来说，是一个不错的结果。

我觉得这次考试不仅是考一个人掌握知识的程度，也是对于个人综合层面的考查，包括学习能力、执行能力和时间管理能力等。

回过头来看，我拿下这场考试的取胜秘诀在于我严格的时间规划和较强的执行力。当然也有一些巧劲儿，比如说我提早一个礼拜倒时差，适应考场环境；利用高效的学习方法进行短时间记忆；还有保持良好的身心状态。学习是一件长久的事情，讲究方法才能更好地扬帆起航。

　　对了，我在上考场的前一天还在跑步和运动。所以，如果你在阅读这本书，就先放下它去拉拉筋吧！

树立"现在事，现在毕"的观念

我相信很多人都有过这种情况，制订了一大堆计划，但是迟迟没有付诸行动。比如说决定去旅行，要做攻略，但是迟迟没有开始做，然后旅行不了了之；或者说应该写作业，但是不愿意从玩手机的快乐中抽离，然后作业就拖到了上学还没写完。很多人在经历这些事情的时候都会在心里觉得可惜、后悔，暗下决心以后不能这样了。但是真的能够做到吗？

我们一直在讲时间管理，但再好的时间管理都离不开一个信念：现在事，现在毕。

在人生的各个阶段，我身边都有很多非常自律、优秀的人，譬如我访问过的桥水基金创始人瑞·达利欧先生、万科集团的创始人王石先生、搜狐的创始人张朝阳先生，都是具有极强时间管理能力的人。

事情马上做，轻松一身乐

做事的最好时机，既不是明天，也不是后天，而是现在。

知名商人李嘉诚先生在管理企业的时候，最注重的就是时效性，对于他来说，拖延，损失的不仅是时间，还有财富和荣誉，这些损失是没有办法衡量的。所以，在做事的时候，一定要立马行动起来。

我的时间管理能力一直都很强，我能够在同样的时间内，做比别人多的事情；或者是说在同样的时间内，别人能把一件事情做好，而我可能把三件事情都做好了。我们每个人的一天都是24小时，毫无例外，因为我不拖延，所以就可以把时间效用最大化。足够高的时间利用率是成功的前提，否则，我们很难做出好的成绩。

有一点要注意的是，我们的即刻行动一定不能是盲目的。行动是有技巧的，并不是说当两个人做同一件事时，我比你起得早、比你先做，那我的结果就是好的。我们一定要善于去规划自己的时间，并做好计划，这是极其重要的。做好计划了之后才知道什么是最重要的事情，我们应该优先做什么。

我的建议是，年轻人在刚刚步入大学或者是刚刚步入职场的时候，应该把计划用笔写下来。我认为最起码应该有一个月计划，然后打印出来贴在墙上，这样就可以非常清晰地知道这个月要完成什么任务了。如果心里没有计划，就很难达到想要的目标。

在创业的过程当中，我会要求我的团队每个星期都列一个周计划。我会在周一早上甚至周日晚上就思考新的一周具体有哪些工作，该着重去做什么，并标明重要工作任务的时间点。如此，工作的时候，团队的伙伴就明白他们的工作要往哪个方向去做了。

这种时间管理的技巧是受益一生的事情，而且在潜移默化之中，身边的人也会被我们影响，进而养成这种习惯。

记得哦，当计划明确了以后，立马去做，我们的效率就会很高。

就算拖一拖，还是逃不过

有一个大因素会影响我们工作、学习、生活的步伐，它就是拖延。可能很多人觉得，我只是把事情稍微往后挪一挪，又不是不做，没什么大不了。还有的人就是不想做，拿拖延症当借口，又拖延得理直气壮。

而事实上，这些都是迟早要做的工作，早做完的从容比最后关头着急跳脚的狼狈要优雅得多。更何况，拖延的过程，也会消耗我们的精力，影响我们的情绪，我们并不会真正感到轻松。

这里还是要说到做计划的事，以我们团队的周计划为例，每周我们要做的事情都会被一项一项列出来。但计划并不是随便写的，这么多项工作中，我们会有一个优先清单，列出哪个事情先做，哪个事情后做。通常就是看时间的紧迫程度和工作的难易程度，哪个紧迫和哪个难做就先做。但是很多人跟我的选择并不一样，很多人会把他们觉得最难的事情放到最后做，这个时候心里暗含的就是害怕，害怕做这件事，所以就会放到最后，然后一直拖延。

理论上最难的事情应该给出最多的时间去准备、去解决，而且难事在处理的过程当中往往障碍重重，只有给的时间足够多，我们才可以从容地去应对。

所以我给大家的建议就是，最难的事、最不想做的事一定要放在第一位，把简单的事情放在后面。这就跟大学写论文一个道理，我的习惯是第一时间去学校里面把所有与这篇论文有关的书、报纸、期刊等都尽量看完，去读几十篇甚至上百篇文章，让我所需的知识丰富起来。当我下笔开始写的时候，就会如有神助。如果你在写论文前期不做任何研究，到最后三天才开始动笔，东拼西凑，甚至抄袭别人的作品，那结果就可想而知了。

所以说，难做的事情都是要花时间的，强烈建议大家一定要早行动，早行动往往能有一个好结果。

你的从容别人学不来

如果你一直没有办法及时地完成制订的计划，次数多了以后，你对自己的能力就可能会产生怀疑，你就可能会变得不自信，并且之后可能连计划都不做了。而及时完成计划，能留下大把时间让自己放松，你在完成计划之后也会越来越肯定自己，越来越从容，而从容会带来自信。

我在法学院的时候，考试成绩一直是年级第一名，考律师执照和上哈佛大学的时候，每一次考试之前，我心里都非常清楚自己能考什么样的成绩。为什么呢？因为老师讲的知识点和考试的重点，我都已经理解、掌握，并且背得滚瓜烂熟了。而这个时候，往往是其他人还在熬夜临阵抱佛脚的时候。我在考试前，通常会通过良好的睡眠和运动调节自己的状态，每次考前都会给自己安排运动时间。即使考试还没开始，我也很自信地知道我的成绩会是A。这就是我的底气。

　　良好的时间管理带给我的福利就是我可以从容地应对一切，所以我一直保持自信的状态。

把时间划分为25分钟一单位

相信很多人听过这样一个故事：在一次马拉松比赛上，一位名不见经传的运动员出人意料地夺得了世界冠军，很多人好奇他是怎么做到的，后来他解开了众人心中的谜团。

他说："每次比赛前，我都要乘车把比赛的线路仔细看一遍，并画下沿途比较醒目的标志，比如第一个标志是银行，第二个标志是红房子……这样一直画到赛程的终点。比赛开始后，我以百米冲刺的速度奋力向第一个目标冲去；等到达第一个目标后，我又以同样的速度向第二个目标冲去。40多公里的赛程，就被我分成这么几个小目标轻松完成了。"

然而，在最开始跑马拉松时，他不具备上述想法和能力。用他自己的话说就是目标定得太远，还没多久自己就被遥远的路程吓倒了。这是一个真实的故事，这位运动员就是山田本一。

当看到这则故事时，我的心里其实大有感触。

我个人觉得，其实我们的时间管理很像一场马拉松：终点就在那里，它不会改变。出发时我们看不到终点，面对未来，很多人抱有迷茫的态度，有的人甚至不清楚自己该干什么、能干什么、怎么去干，然后时间一眨眼就过去了。幸运的是，我们可以用规划马拉松赛程的方法来规划我们的时间，将我们的时间划分成一段一段，能帮助我们更好地达成总目标。

为了节省任务切换导致的时间浪费，可以把时间划分为25分钟一单位，也就是我们常说的番茄工作法：集中精力工作25分钟，休息5分钟，保证专注度。为了获得最好的效果，我们需要注意两个方面。

集中精力的时候，要防止被打断

一次打断会带来两次大脑任务切换的过程，一来一回，可能就会浪费几分钟。番茄工作法的关键是防止被打断，全神贯注25分钟。

最被动的打断往往来自电话。这个时候，我们可以关掉手机，或者设置成勿扰模式，只允许老板、家人的电话打进来。也可以把信息设置成自动回复：现在正忙，稍后给您回电，谢谢。要是老板真的打电话来呢？接通之后，如果不是急事，可以礼貌地说：老板，我知道了，我30分钟后回复您可以吗？

最诱人的打断来自微信，这时可以关闭微信和所有应用程序的提醒功能。那些动不动就响一下、震一下、亮一下屏幕，并且还不能关闭的应用程序，我一律卸载。微信有一个很好的功能，就是可以设置免打扰一小时。

最难防的打断来自自己。有时候，一件事情会突然出现在我们脑海中。比如想起忘记订票，或者冒出来一个灵感。遇到这些情况，可以利用一张纸，或者电脑上的记事本，快速地用几个字记下，然后把它清除出大脑，继续专注于当前任务。必须坚决拒绝打断，否则别拿出番茄钟。

当我处在考试或者处理重要的事情阶段，我的微信、微博等社交软件基本是退出使用的状态，我面对人生中几次大型考试，考前都是"无社交媒体"的，因为动不动就来的消息很容易打断思考，分散注意力，影响状态。那怎么查消息呢？我会每天集中查看三次手机并回复消息，早上一次、中午休息时一次、晚上一次。这样做的好处是，可以有效防止其他人和事打乱我的计划或者节奏。

临近考试周的大学生，或者是准备考公考研的学生就可以给自己安排集中查看手机的时间，比如说早上查一次，中午查一次，晚上查一次，然后在其余的时间里集中精力学习，这样就可以没有打扰地全身心投入了。当然，成年人可以不用这种硬性的方式要求自己，根据自身情况可做适当调整。

别管我，我要自由飞

当决定去做一件事情的时候，就要努力进入心流体验。心流体验是一种忘我的状态，才思如泉涌，通常半小时过去了，却觉得就像过了几分钟一样。努力让自己进入心流体验，会事半功倍。

举例子来说，现在很多年轻人喜欢玩手机游戏，不管游戏输赢，总是能玩好久，好像感觉不到累，可能有时候一看时间，会感觉还没玩几局游戏，怎么就过了这么长时间。考试的时候，看到试卷上的题都会做，那么这时候我们就需要抛开时间观念，下笔如有神助地去做题，因为抛去纠结，我们会感觉太轻松了；相反，如果我们什么也不会，那么整场考试就是煎熬。

心流体验需要全神贯注，每个人都有自己专属的心流体验，要靠自己摸索出适合的方式。并且，心流体验也不是能一直进行下去的。好比说，喜欢打游戏也不能一直打，如果中间不休息，玩上几天几夜，对于健康来说是有很大损害的。所以说，对于心流体验，我们也可以设置一个番茄钟。

我一直讲，把25分钟设置成一个时间单位，但是有的时候，半小时对于心流体验来说并不足够。如果强制性地设置每半小时一个番茄钟，在做一些需要更多精力和心力的事时，心流会被粗暴地打断。就算休息5分钟，再继续下去可能也找不到之前的状态。所以，我个人的做法是：设置25＋5的小番茄钟和50＋10的大番茄钟。处理杂事，用小番茄钟；在构思创意或者写作时，用大番茄钟。

当然了，番茄钟的大小视事情大小或重要程度而定，你可以自己试一试，看看哪种更适合自己。

制定奖励机制，增强执行力

执行力的定义很简单，就是按质按量、不折不扣地完成任务。这是执行力最简单也最精辟的解释。但正是这么简单的执行力，却是很多个人、团队、企业所欠缺的。

事实上，在生活、工作、学习各方面能够做得好的人，一定是具备良好执行能力的人。

一般讲到执行力，我们都会想到做事情做得成不成功，即执行力的效果。如何做到有效执行呢？有两点，第一点是设立正确的目标，第二点是坚定有效地执行。

一个空有远大志向，但是毫无执行力的人，只能一事无成。所以，执行力的意义就凸显出来了。制订计划、好的时间管理、良性的奖励机制，都是执行力的一部分。既然做就要有计划地做。

首先，做一件事一定不能是盲目的。如果一个人盲目地面对自己要做的事，那他有再强的执行力都没有意义。所以说，我们需要制订计划。也就是像我之前说过的，做一个优先清单。只有有了确定的方向，执行力才能朝着正确的方向走。

只有计划还不够，还要有让自己坚持完成计划的动力。当我自己还是一名学生的时候，每天要理解和掌握大量专业知识，这是一件很费脑力的事情。我按照自己的计划学完以后，会去吃一块巧克力作为对自己的奖励，这种对小奖励的渴望也能督促我执行计划；而执行计划能够满足我的渴望，这是一种良性的循环。

良性的循环是我们计划中不可或缺的一部分。你不能天天都拼命地学，却一点儿奖励都不给自己。所以，在条件允许的情况下，选择一些奖励，并纳入自己的计划中吧，这样你会更有动力去执行计划。

奖你一朵小红花

执行力不仅需要有效的刺激，还要有足够的动力。即通过我的执行，我能获得什么。

对于职场人士来说，工资就是能获得的固定利益，在某种程度上会框定执行力。在这个时候，奖励就可以提高工作者的执行能力。这也是为什么基本每个公司都会有各种季度、年终、节假日奖励。

奖励可以引起每个人的愉快感受。任何人都希望得到赞赏，这是一种普遍的心理状态，即使是几岁的孩子，都会想着得到大人的奖励与认可。当然，小孩子得到奖励后的表现比成年人更外在，但实际上对于心理的刺激作用是相同的。

所以说奖励是很重要的，那可以用什么作为奖励呢？对我自己来说，我的工作比较繁忙，而我又喜欢运动，那么我会选择把运动作为对自己的奖励。可能很多人会觉得运动很累，但是流一次汗，大汗淋漓的那种畅快，可以很好地将自己的压力疏解。

当然，如果你喜欢看电影，或者想要什么礼物，或者想和朋友做一件自己喜欢的事儿，等等，这些都可以融入奖励机制。对于很多家长来说，可能会选择奖励红包，但是我个人觉得，金钱奖励对于孩子来说并不是最好的奖励，除非我们要培养孩子的理财能力。所以，大家还是谨慎使用这种形式。

各种奖励，包你满意

如果你是一名学生，这种时候依靠的更多的可能是自我奖励。我的自我奖励机制有一个简单的原则，小事小奖励，大事大奖励。当一件事情完成需要很长时间，没办法确定怎么奖励自己时，那就把它拆分成几段，完成一个阶段目标就进行一次奖励，最后再有一个大奖励。这样的话，你还会害怕一件事完不成吗？

如果你是一名团队负责人，奖励就要更具象一些。当一个同事工作做得好，最简单的奖励就是口头认同、赞美。但是具体哪里做得好，要详细说出来，这样才是有诚意的赞美。

当然，除了口头奖励，最能振奋人心的奖励就是奖金。关键是，奖金要做到透明和及时，要让员工清楚自己的奖金是怎么来的，为什么是这些数额，要让员工明白自己获得奖励的前提和标准。奖励不能拖，不要觉得晚一天给奖励没什么问题。因为等待的时间越长，奖励的效果越可能打折扣。

当然，奖励不用拘泥于以上方式，奖励是为了让人能够更好地去完成接下来的任务，什么奖励最适合，能达到更好的效果，就可以选择什么。

拖延，是世界上
最容易压垮一个人斗志的东西

拖延是一种极能击垮个人意志的东西。我对我团队的要求是，当天的工作当天完成，绝不拖延。正在读这本书的朋友，如果觉得自己也是一个有拖延症的人，没有关系，不拖延这个习惯是可以养成的。

至于怎样去养成不拖延的好习惯，首先取决于个人的性格。有的人可能相对来说，天性不喜欢拖延。本来性子就比较急，比较积极向上，比较追求完美，那这样的人一般不会有拖延的习惯。有些性子慢一点的人，生性就没有那么积极，对待任何事情都比较佛系，可能更容易有拖延的问题。

拖延，要时时刻刻提防

每个人灵魂深处总是会藏着一些挑战欲，有的人挑战欲极强，有的人挑战欲比较弱，但弱不代表没有。挑战欲强的人挑战的东西就多，挑战欲弱的人挑战的东西就少一点，这是很简单的道理。那些敢于挑战的人，一定是有斗志的人。但是，不是所有人都能够展现自己的斗志，其中很大的一个因素就是拖延。

在拖延的过程中，拖延出来的时间很多都被享受掉了，比如写作业拖一个小时，那这一个小时可以看电视、玩游戏。在这拖延的时间里，这种享受的快乐就会让人慢慢地安于现状，慢慢地消磨斗志。而且这种享受会带来一个问题：我现在就能立马享受到快乐，干吗要等到奋斗以后再去享受？以后的享受就一定会比现在的好吗？如果一个人带着这样的心理去看待拖延，那么斗志一定占不了上风。

实际上很多人都会这么做，这也是大多数人的通病。有的人可能不是一直拖延，只是时不时地，想着一两次没什么大事，但这种想法会随着时间被不断放大，拖延的次数会变得越来越多。仔细观察自己，就会发现，自己好像确实不如以前那么努力拼搏了。拖延是一件时时刻刻要记得提防的事情。

时刻谨记速战速决

这里我想提醒大家，在工作或者是学习中，要让自己养成一个不拖延的好习惯，首先还是要明确你的目标，当你的目标明确的时候，你的执行力一定是跟着你的目标走的。目标会很直白地告诉你，赶紧去做，不要拖延。

就像我在法学院读书的时候，有的科目的论文会占那门课50%的成绩。这样的论文作业，老师都会提前一两个月就布置。课题给出来以后，班上的同学会有不同的反应：像我这样的学生可能下课立刻就去图书馆，开始找书籍、报纸等所有的相关阅读材料。找完了以后，我会利用一个月的时间把所有的阅读材料全都读一遍，下个月再制订一个非常周密的写作时间表，着手去写这篇论文。

对我来说，这是一个不拖延的、正确的工作和学习习惯。也有很多同学会拖到最后，两个月的时间，可能在最后一周才着手去做这件事。但是仔细想一想，一周时间怎么可能写出一篇几万字的优秀论文呢？教授一看作业就知优劣，因为一篇用一个礼拜写出来的论文和通过两个月准备写出来的论文，在质量上是无法相比的。

所以，如果读这本书的你是一名学生，那你在学生时代就要养成不拖延的习惯，给自己多一点时间，让自己的准备充裕一点儿，不管做什么工作都要有提前量。无论大事或者小事，都不要轻易而又随便地把自己逼到最后一刻。

拖延这件事情有很多坏处，最直接的坏处就是你永远都处于没有准备好的状态。因此拖延最直接的后果就是你会失败，但又有谁想做一个失败的人呢？如果你不想失败，不想打没有准备的仗，那你就一定要给自己留出提前量，在做每件事情上都践行不拖延的方式。

希望大家都能认识到拖延对于自己发展的危害，并且养成不拖延的好习惯。

给自己设立一个后果激将法，让自己可以更好地准备和应对所有的学习、工作任务，在面对重要的场合或者一些重大事件的时候，激励自己提前做好规划，沉着应对。

当你找到适合自己的激将法时，它就是一个很好的鞭策自己的方式，时间久了，就会形成一个良性的循环。

只有自己不太够，叫上别人来帮忙

除了自己对自己的鞭策，我们还可以让别人来监督，通过他人的力量对自己进行外在的鞭策。打个比方，两个朋友一起准备律师考试，那么两个人可以在复习的过程当中互相督促和鞭策去实现目标。没有做到的人要付出点代价，比如说请做到者吃饭、喝咖啡。要通过代价，让彼此明白一定要有"按照计划，实现目标"的观念。这种方法对于自我约束力不强的人是很有用的。

当然，对于那些自我约束力很强，在工作、学习中非常自律的人，这个方法可能作用就不明显了。如果你自己非常清楚自己可以，那么就不需要占用他人的时间和精力，来督促自己达成目标。

还有一种情况，就是把自己放在一个大的群体里面，通过群体氛围来带动自己。比如你要学英语，就去英语班；你想要减肥，就去减肥训练营。最直接明显的例子，就是高考。为什么在高考的时候，人往往能被激发出自己最大的潜力？因为在那个时候，我们有内在的驱动，也有外在的驱动，这个外在的驱动又反过来推动了我们内在的驱动。在那个时候，老师、家长，甚至是全社会都在关注高考这件事，而学生自己的内心也明白，高考是容不得失误的大事，所以学生就会拿出全部的精力来猛冲。

同这个阶段的一个鲜明对比，就是很多学生在高考之后就懈怠了，上了大学就不努力了。为什么？因为外界的推动力没有了，外界的监督也没有了，只剩下自己的时候，学生就变回了那个松散的自己。

所以说，对于不够自律、执行力不强的朋友来讲，可以找一个伙伴督促自己，这个人可以是你的伴侣，也可以是你的家长、同事、老师。当有这样一个人或者是多个人对你进行约束和监督时，你完成自己的任务和计划的动力都更充足。

想一想，你有没有一个想达成的目标？想和谁一起来完成呢？现在就开始行动吧！

4

演讲高手

三分内容七分形式打动听众

4

本章内容

做好充足准备，让你的演讲光芒万丈

何为演讲？一场精彩的一对多的有效沟通

打造适合你的听众的完美演讲稿

善用幽默——强大的沟通工具

善用肢体语言，让你的演讲充满感染力

演讲时，如何用声音震撼全场

演讲时忘词怎么应对

做好充足准备，让你的演讲光芒万丈

天赋是努力得来的

"天赋"是一个很迷人的词语，给人一种与生俱来的幸运感，以及无须努力便可成功的轻松感。

我相信，大多数人都有过迷信天赋的阶段，尤其是在青少年时期。我们迫切地想要证明自我的与众不同，因而鄙夷努力，向往恩赐。

而演讲这件事，正是我少年时期所笃定的天赋。

我仿佛是为舞台而生的人，小时候不管是唱歌表演，还是上台做主持和演讲，这些事对我来说就像是家常便饭。周围的喝彩和舞台的荣耀，让幼年时的我有了一种主角光环意识，似乎我可以轻易获得成功，至少在舞台上，我拥有无上的天赋。

直到小学六年级的那个夏天，我的天赋"花光"了。

当时大连承接了一个全国性的童声合唱节，因为我是大连市电视台少儿节目的主持人，所以就顺理成章成了合唱节的主持人。

比赛一共有300多个合唱团参加，每个合唱团要唱3首歌，我需要连着主持3天。300多个合唱团的名字加上900多首歌的歌名，我都要背下来。那时候没有提词器，也没有手卡。

当时的我自信满满，认为这仅仅是需要再次展现我的舞台天赋而已。

第一天上台之前，我正常背了背，并不觉得有多难。然而事实是，我忘词了。那天的情形我记得非常清楚，我穿了一条粉色的裙子，剪了一个娃娃头刘海。合唱节表演进行到第二首歌时，我的脑海突然一片空白，怎么也想不起来那首歌的名字。好在当时我妈就坐在后台，立即给我提示了一下，帮我救了场。

这件事虽然没有造成很大的影响，但是因为当时是电视直播，我下来后还是非常自责。一是当时我年纪尚小，特别害怕把节目搞砸了；二就是自己忽然意识到所谓天赋其实是靠不住的，要肯下功夫背稿才行。

当天晚上回家以后，我妈语重心长地对我说："你就是准备不够充分，背得还不够，我们必须集中精力加强背诵才行。"

我深以为然。从那时起，我知道，我最应该拥有的天赋就是努力，我要把自己当作一只"小笨鸟"，早起先飞。

为所要做的一切做好充足准备，这正是我要分享给大家的经验。

瑞·达利欧说我采访得特别好

对于演讲而言，紧张是大敌。如果你准备得不够充分，那你心里定会暗暗打鼓，因为你知道你自己没准备好。

所以说，一场演讲要想成功，你必须做好万全准备。

令我印象非常深刻的一次公开对话，是在哈佛大学与《原则》一书的作者瑞·达利欧的一次长达90分钟的对谈，台下有几百位哈佛中国论坛的中外观众。

那是一个期末考试之前，我正处于学业上非常紧张的阶段，而且当时还要飞到国内主持另一个大型的会议。也就是说，在与瑞·达利欧对话之前，我的压力蛮大的。

即便如此，我还是提前一个月开始准备采访内容。一方面，我把他的《原则》看了一遍，并且听完了这本书的语音版，这里我要建议大家多听语音书，不但可以保护眼睛，还可以在运动和通勤时学习。后来我准备采访稿时，根据他对中国的印象，以及书里面的内容，做了一个有二十个问题的采访提纲。在最终的对谈中，我们就他书中的观点进行了深刻的交流，他也分享了自己写书的心得。整个谈话效果非常好。

在那次交流中，我和达利欧聊了他的中国情结。达利欧是中国的老朋友，是个中国通，他在20世纪80年代就对中国进行过访问，也有生意往来，而且在中国有很多朋友。也正因如此，和他聊中国情结的话题，需要提前做好功课。

正式谈话时，我发现瑞·达利欧不是一个滔滔不绝的被访对象，面对很多问题，基本上就是我问一句，他答一句。这个时候就需要我主动发起更多话题来带动他的情绪，所以，那场对话对提问者是一个蛮大的考验：怎么样能够活跃气氛？怎么样能跟观众有一些互动？怎么样抓住达利欧感兴趣的点再去提更多的问题？

结束的那一刻，我们俩握了手，达利欧说，我问的问题特别好，问题既有内容也有深度，有些问题甚至让他刮目相看。

这一刻，我觉得所有的努力都是值得的，我的准备没有白费，尤其是对于达利欧这样一个对采访有着极高要求的人来说，提问者所做的准备，他是一眼就能看穿的。

充足的准备必不可少

如果你问我，回首当初的那些演讲经历，是否还会选择做充足准备？

我必须说，没有捷径，一切成功，都需要你做好充足的准备才能获得。

也许有人会说，即便我做了充足的准备，还是可能在演讲的过程中，因为一些意外而出纰漏。对此，我必须诚恳地说，如果发生这样的情况，说明你并没有真正准备好。因为应对突发状况的技巧也是准备的一部分。

比如，当你演讲忘词了，你可以跟观众进行一个小互动，或者停下来喝口水，借此重新整理思路。在这个动作结束之后，你的演讲逻辑往往就回来了。这些技巧同样需要你进行大量的准备和练习，确保你在突发状况下能够从容应对。

另外，在演讲之前，建议大家对着镜子练习，尽力去模拟现场的感觉。

演讲的时候，你要注意自己的眼神和肢体语言，这样才能呈现出更立体的效果。"三分内容，七分形式。"演讲高手都知道如何打动听众，同样好的内容，声音不一样，表情不一样，肢体语言不一样，眼神不一样，达到的效果也是完全不一样的。

准备的过程就是磨炼的过程。这个过程不仅磨炼你的演讲内容和技巧，更磨炼你的心态。

台上一分钟，台下十年功，如果你要想让别人看到你的"天赋"，那么台下准备功夫不可或缺。

何为演讲？
一场精彩的一对多的有效沟通

因为我之前参加过很多演讲比赛，所以就有很多粉丝会问，对于对演讲比赛之类的活动没什么兴趣的普通人，演讲这种活动有什么用？

我要说，演讲无论是对生活还是工作学习，都是有大用的。我们也许觉得演讲离我们很远，但是事实上不是。

绝大多数演讲都是由普通人完成的，每个人的每次沟通都是一次演讲。老师讲课是，工作面试是，工作总结是，客户洽谈是，商业投标也是。我们都明白沟通对于我们的重要性，演讲其实就是一场一对多的有效沟通。也正是因为对演讲的独特需求，所以现在社会上有很多演讲口才培训班，以及各行各业、各式各样的演讲比赛。很多家长给孩子报演讲班，为的就是培养孩子的口才和思维转变能力，做好一对多的沟通。

我所理解的演讲

总是有人问，到底什么是演讲？它的定义在网站上就能查到，但是那并不是固定的、唯一的答案。就跟我们常听到的一句话一样，"一千个人心中有一千个哈姆雷特"，不同的演讲者对于演讲的定义也不同。

那么我理解的演讲是什么呢？演讲其实就是演说，包含两个部分，"演"和"讲"，在公众场合，通过这两者把我们要表达的思想、见解、主张、情感用肢体语言和声音直接、鲜明、完整地具象呈现，并且使听众理解、认同，甚至是二次传播。各环节相辅相成，是紧密连接在一起的，少了任何一个部分，都会使我们的演讲效果大打折扣。所以对我来说，演讲其实就是一场精彩的一对多的有效沟通。

演讲是一对多，但不代表演讲一定要面对成百上千的听众，有时候听众只有三四个人——同学、同事、朋友、陌生人等，在你阐述想法时，你就已经在做一场演讲了。演讲一直围绕在人们的身边，无论从事哪个行业，都离不开演讲来帮助自己获得更好的发展。

成功演讲的必备要素

一件事情总有两面性，演讲也是，它要么是成功的，要么就是失败的。而判定演讲成不成功，就要看它是不是一次有效的沟通。我之前一直在讲有效沟通，明白了有效沟通是什么，那么演讲成不成功就显而易见了。我这里有几个小贴士，可以帮助我们实现演讲的有效性。

第一，演讲的主题清晰。一场演讲一定离不开主题，没有一场演讲是想起什么话题就讲什么的。好比现在各种产品、影视剧的发布会，它的主题表面看起来是介绍产品或者影视剧，但更深层的含义是通过介绍作品来吸引听众购买产品或服务。所以，一定要明确自己的演讲要讲什么，为了什么。

第二，激起听众的好奇心。演讲首先要有人听，才能达到传播的效果。想要吸引他人关注就要有精彩的点。比如手机发布会，强调手机的拍照性能好，手机拍的照可以和相机媲美，这种对比就会引起听众想要去证实的好奇心。所以演讲一定要有亮点，去吸引他人注意力。

第三，用听众听得懂的话术讲主题。演讲不是为了自己讲得爽，也不是为了炫耀自己的专业性，而是为了让别人明白自己的演讲内容。好比律师跟客户讲法条，如果不是掰碎了用通俗语言解释，没有几个非专业人士会明白法条的前后因果。这就要求演讲者先明确听众是谁，然后选择合适的话术。如果是年轻人，可以用一些网络流行语；如果是老年人，语言就要尽可能通俗、生活化。听众只有听得懂，才可能认同主讲人。

第四，你的想法值得二次甚至多次传播。不管是面对老板、面对客户，还是面对面试官，我们做完了演讲，是希望我们所讲的东西能让对方记住，让对方觉得有趣，让对方觉得值得把这个内容转述给别人。二次传播其实就是一种认同。所以想法一定要足够有特色、有鲜明的个性。

以上就是我的演讲小贴士，只要做好了这四点，不愁做不成好的演讲。

演讲使人受益无穷

第一，演讲可以增强自信。我们都知道自信的重要性，演讲是可以检验和锻炼自己心理能力的一种手段。很多人是可以通过演讲去结交更多朋友的，因为演讲会让更多的人认识你，你演讲的内容被更多的人听到，就会有更多的人给你正向的反馈，于是正向的循环就建立了。也就是说，比较自卑或者口才不是很好的人，如果能够坚持做演讲，去提升自己的表达能力，他们的自信心就会慢慢提高。这对每一个人，无论行业、年纪、性别，都是一件很好的事情，所以我觉得所有人都应该去练练演讲。

第二，演讲可以提高多项能力。演讲最直观锻炼的就是表达能力，一个不知道怎么说话的人，通过演讲锻炼，一次说的话可能从几句变成一整篇，从断断续续到流畅自如，这个过程提升的就是这个人的口才。演讲还能锻炼一个人的逻辑思维能力，虽然说大多数演讲都是可以提前准备的，但是演讲过程中难免出现各种问题，比如中间突然有人提问题，如何做出全面正确又让人满意的回答，就是对一个人逻辑思维能力的锻炼。

演讲还可以提高学习能力，讲和听是相辅相成的。当你能够把所学知识清晰地表达出来的时候，你一定会想去听他人对你的评价，就是我说的正向反馈，这样你的学习能力就会一点点增强。演讲还可以增强抗压能力，很多人为了做好演讲会给自己施加压力，演讲次数多了以后，心理承受能力会提高，再多压力也能轻松应对。

第三，演讲可以扩大思想传播范围，提高个人影响力。如果你是一个自信的、善于表达的人，那你的公司选择人员做某些事情的时候，可能就会选择口才好的你去进行一些交流、对接，因为公司知道通过演讲，你一定会把公司的经营思路表达得很好，并且传递给更多的人。这就是给你更多的去学习和影响别人的一个机会。

我做企业家和文化名人的访谈栏目的导演和主持人时，每一次交流其实都是一次演讲，而这些成功沟通的前提是我在平日有充足的知识经验积累来应对各种不可预测的情况。因为每一次对谈都有很多不确定性，是不可"彩排"的。

自媒体时代，每个人都可以选择成为一个发声频道，都可以打造自己的IP。如果你真的利用好自媒体这个平台去做演讲，那么会有越来越多的人听到你的声音，你会影响越来越多人。

打造适合你的听众的完美演讲稿

一场完美的演讲，一定建立在一篇好演讲稿的基础上。演讲稿内容好，那么你的演讲可以说成功一半了。确定以下这几步，可以让你拥有优秀的演讲稿。

明白你是谁、他是谁

很多演讲都是围绕一个主题来进行的，在进行准备时，首先要面对主题做好定位，即要知道你是谁，你为什么要做这个演讲，用什么身份和角度来讲，这等于是确定整个演讲的基调。比如说讲学习，你分别从老师、学生或者家长的角度来讲，所看到的学习面是不同的，所以首先要明确自己的定位。

只明确自己还是不够的，还要对听众进行研究。首先就是确定听众群体，你要十分明白你的这场演讲是讲给谁听的，是学生、领导，还是客户。这就好比主持人做节目，节目首先立足于受众群体确定风格，如目标受众为老年人，你却讲一些网络段子，或许有的老人与时俱进能懂，但是这样的听众不会占多数。

所以在准备稿子之前，有必要研究谁是自己的听众，包括听众的年龄阶段、行业、文化水平，他们的好奇点通常是什么等。当演讲者研究透听众时，就可能准备出听众喜欢的稿子。

.

讲个故事给你听

演讲有时候可以看作讲故事，但这不代表讲故事就容易。首先在故事的选择上，你的稿子一定要有自己的专属故事，这种故事一般比较新颖，要避免选择那些很多人都知道甚至可以说尽人皆知的故事，因为很少有人会想多听一遍。

演讲稿首先要有清晰的框架和逻辑，我给任何一个演讲小白的建议都是"总—分—总"。讲什么主题要在开头就点出来。要么开门见山，以简洁的开头快速吸引观众；要么从旁观者的角度讲自己的故事，更快地让观众产生代入感。

在正式演讲之前，一般演讲者都会做个自我介绍，如果有一个独特的专属开场白，可能会为开头增色不少。比如冯巩老师，多次登上春晚，开口就是"我想死你们了！"，听见这句，很多观众都会会心一笑。放到演讲上，这也是一个不可多得的好方法。

开好头以后，接下来就是整个演讲的主体部分。主体部分一定要列框架提纲，这是我多次演讲得出来的经验，首先想好你要说的内容，把它分成几个点，然后依观点找论据，当整个框架填充完成时，稿子最重要的部分基本就完成了。

我有一个口才非常好的朋友，她讲话，开头常是"我有这三点要说"，这"三点"的限制，就能帮助她把思维清晰化并对发散思维进行浓缩。如果你是进行正式演讲，观点可以适当地多一两个，来把你的内容表达得更丰富一点。没有人喜欢平淡而没有冲突的故事。

有开始就会有结束，演讲也是，演讲的结尾也要精心设计，不能高开低走。最通用且有效的结尾，就是首尾呼应，开头表明了主题，结尾也要扣题，那样整篇文章会看起来很紧凑。最简单的结尾就是总结正文。比如将正文中的100句话浓缩成5句，既省心又省力。如果想让自己的演讲给人留下的印象更加深刻一些，可以在最后抛出一个要思考的问题或者进行反问，将听众拉进思考的氛围里，这样会取得不错的效果。

我一直在强调一件事，就是你讲的东西，自己懂只是最基本的操作，更厉害的是让别人听得懂。所以做演讲的时候，不要刻意地去追求辞藻华丽、语句工整，平实的语言往往效果更好。

打造合适的节拍

演讲稿写完不可以直接拿去讲，那样很容易出现尴尬的情况，比如演讲要求10分钟左右，结果你5分钟就讲完了，或者15分钟还没讲完，这样听众首先对你整体的印象就是专业性不强。

所以，这里要强调的一点是控制演讲节奏，演讲者必须把握自己演讲的速度和内容，既不能时间到了还没有讲完，也不能距离演讲结束还有一段时间，而演讲者已经无话可说了。所以写完以后，先把内容预演一遍，同时计时，如果时间富余，这就代表你的演讲稿要加一部分内容或者你要放慢演讲节奏。如果时间不够，这就代表你的演讲稿要删改、浓缩或者你要加快讲话节奏。这样的预演一定要多做几次，才能更好地掌握整个节奏。

除了控制时间，你还可以在练习时控制一下声音节奏。一场好的演讲，不可能整场都是一种语调、语速的。你的情绪，可以通过语音、语调体现出来，讲到有趣的地方就用轻松的语气，讲到沉重的地方就用严肃的声音，做到变化适当。最关键的是，整场节奏一定要紧凑，但这不代表你要快速讲话，按照自己最舒服的节奏就可以。

善用幽默——强大的沟通工具

近几年电视上、网络中出现了多档脱口秀节目，越来越多的人喜欢看这种令人愉快的节目，这些节目吸引观众的原因，究其本质，就是两个字——幽默。

"幽默"就代表着"有趣、可笑而意味深长"，你可以发现那些幽默的人，无论是在日常还是职场中一般都很受欢迎。一个幽默的人可以用诙谐的语言去营造欢快轻松的氛围。当你处在这样的氛围当中时，一定会更容易融入他们的讲话。一位演讲家说："发挥幽默力量的一个重要目标就是要让听众赞成并喜欢演说人和他所说的话，要是他们喜欢上演讲的人，那么肯定会喜欢他所做的演讲。"

善用幽默不代表一直逗乐，掌握好时机，恰当的幽默就够了。比如发现听众有些注意力不集中时，你就可以开个小玩笑，或者讲个有趣的故事把听众的注意力拉回来。人不可能一直注意力集中，它是有限度的，所以说一场演讲下来，时不时调节一下气氛，可以有助于让听众一直跟着你的思路走。

但是有一点，幽默并不适合每一个人。有些人能很好地把握幽默的尺度，讲话比别人有意思。但是有些人就不会幽默表达，不要强求、用力过猛，这容易适得其反。

我的演讲并不以幽默著称，我的演讲中只有一些小幽默，毕竟把大家逗得哈哈大笑不是我演讲的最终目的。所以，幽默要看人看事，还要适量有度。

善意就是幽默的养分

幽默立足于好笑，与嘲笑、讥笑等不同，真正的幽默是不会让别人感到尴尬和受伤的。演讲时，面对不同的主题、不同的受众，幽默的话也就不相同。幽默带来的更多是积极的意义。比如说在公共场合拿别人的痛点当笑话，虽然能引起哄堂大笑，但这绝不是幽默。

所以说，幽默一定要基于善意，言辞中伤他人是最快导致演讲失败的原因之一。当你在公众场合明晃晃地嘲笑一个人时，你也失去了个人的诚信和被人尊重的资格。所以对于出口的笑话一定要慎重，不是每种话题都适合去搞笑。有句话说"识时务者为俊杰"，幽默也要"识时务"，不确定会不会冒犯他人的笑话果断不讲，自己不了解的话题也不要轻易触碰。

如果你在做一场演讲时，觉得不活跃一下气氛不行了，这个时候你可以选择自嘲，这是一种稳妥而不失风趣的选择。

幽默点到为止

如果你觉得一个人很幽默，且你一直都很喜欢和他相处，那么这个人在和他人相处方面一定是聪明的。因为他的幽默有分寸，这个分寸拿捏得让你舒适快乐。但是，并不是每个人都能掌握好分寸。把握分寸要注意以下几点。

第一，先想清楚眼下情况适不适合开玩笑。比如说亲戚住院，你本着帮别人放松心情的打算，乐呵呵地讲笑话，但落在别人眼中可能就是"我生病，你却这么开心"的效果；又或者说你去见一个严肃的人，他希望任何事情都严肃对待，但你在他面前喜笑颜开，他可能就会认为你嬉皮笑脸，为人不值得信赖。所以说，要依和自己沟通的对象的特点、看当下的情形等来衡量，嘴里的笑话要不要说出来，适合就大胆说，不适合就忍住，否则不管不顾说出来，别人可能会心生不快。

第二，幽默引发的笑是让人思考、有所领悟、笑过之后仍有回想的，幽默是有深层含义的。所以我们要把幽默和简单的逗笑分开，逗笑是浮于表面的，是在"抖机灵"，笑一笑也就过去了。但幽默是发自内心深处的，真正幽默的话术一定会引人深思，因为它是一种智慧。所以，我们不要简单地为了逗笑别人去运用"幽默"，而要去正视它。

第三，幽默是有理有据的。这一点可以这么解释，比如说你在谈论森林，却突然讲起一条鱼生活在海里的趣事，这样就会让你的听众陷入迷茫。所以，我们的笑话一定要和我们演讲的主旨相符合。

幽默不一定是天生的

有的人会说这个人天生幽默，但这其实并不全面，那些看起来天生幽默的人只是比其他人更早懂得幽默的真谛。幽默除了跟性格有关，也离不开一些小技巧的加持。

第一就是出其不意。让人想不到你接下来要讲什么，才有能留住听众的悬念感，你的笑话讲出来时，别人既会捧腹大笑，又不会觉得太过突兀。如果你直白宣布"我有一个笑话"，这种时候观众就会对你讲的笑话有所期待；如果你讲的笑话达不到听众的预期，有可能会对你接下来的演讲产生不好的影响。所以说，幽默不走寻常路。

第二就是控制节奏。对于演讲，我们要控制节奏，讲笑话也是。在这方面我觉得相声演员是很让我佩服的。很多人都很喜欢听相声，好的相声演员都是经历过多年舞台实践打磨的，他们对于速度、停顿都有很好的掌握，比如，大众熟知的《报菜名》就是说话速度越来越快的，越快就越能引起观众欢呼。

第三就是加上肢体动作。幽默不一定要靠话语来展现，肢体语言也可以达到很好的效果。我看过一些节目，都是没声音，完全靠肢体动作完成表演的，像是在演哑剧，虽然听不到任何笑话，但我还是会被逗笑。所以，我们在演讲时，用肢体语言做辅助，效果可能会更好。比如，在讲完笑话想听到听众欢呼时，可以把手放在耳边呈倾听状，这样的动作可能会让听众的反应更强烈。

幽默无论是对于听众还是对于演讲者自己，都会带来一种欢快的感觉，都是享受。在演讲当中善用幽默，演讲也会变成一种享受。

善用肢体语言，
让你的演讲充满感染力

善用肢体语言，让你的演讲充满感染力

肢体语言对演讲很重要，一次成功的演讲，它的演讲者一定是一个肢体语言生动的人。很少有一个成功的演讲者是站在那儿一动不动的。因为这样看起来就感觉很僵硬，既不是一个放松的状态，也不是一个自信的状态。如果你多去看别人的演讲资料，你会发现，好的演讲者一定有手的动作，一定有头的动作，一定有眼神的交流，甚至会在舞台上踱来踱去。这些动作组合在一起就是一个好的演讲者常见的状态。所以，善用肢体语言，就是演讲中的"演"。

如果你说：既然肢体语言这么重要，那我要去专门排练一下，稿子讲到这里用这个动作，讲到那里用那个。这种会设计的

思路是很好的，但是我不赞同多次排练动作。因为这样练习的次数多了，演讲时的肢体语言就很容易被框住，可能会出现你这场演讲做这几个动作，下场演讲还是一样的动作的情况。

这样的话，肢体语言就完全失去了对演讲的辅助作用。真正对演讲有效的肢体动作是随着演讲时的情绪不断变化的，那种沉浸于情绪里做出来的动作，最能体现出演讲者的情绪，很真实。但是这不代表肢体语言就全靠临场发挥，我觉得有几点还是要牢记的。

哪里能动，动哪里

一个演讲小白去做演讲时，最常见的动作就是站在一个位置，手放在小腹前，时不时地往外挥一下。这种动作极大地限制了肢体语言对于演讲的作用。你可能会问：我不这样做，应该怎么做呢？

如果你一开始并不知道如何做，我的建议就是去看，去看好的演讲者是如何演讲的，他们的肢体语言是什么样的。

首先做好观察：别的人走就代表你也可以走，别的人手上拿着东西就代表你也可以拿东西，但观察不等于一味模仿他人动作。当你有了一些肢体表达的经验以后，你要做的就是完善你的语言。肢体动作和语言是组合，可以有很多种组合方式。比如口中说着"走到一棵树下，看到树上有个东西"，你可以边说边走，然后两只手分别围成一个圈放在眼前，即像用望远镜看，也可以一只手放到眼睛上方作远望状。

在设计自己的动作时，一定要注意规避那些冒犯性的动作，比如用手指人，我们都知道用手指人是不礼貌的。所以，在进行设计时，就可以把手指换成手掌，用手掌示意观众，暗含"请"的意思，这会让对方感觉受到尊重，那么他才会积极地和你互动。

想要成为一个好的演讲者，要懂得运用全身去做动作，以正确的姿势来辅助你表达观点。

动作不用多，有几个就行

看多了演讲视频，你就会发现，虽然我一直在说肢体语言有多重要，但是很多人的肢体语言不像讲话那样时时"在线"。我总结的一句话就是，肢体语言的运用在精不在多。你的肢体语言要丰富，要有多种组合，但是在演讲的时候根据时机只用几个就可以了。如果你想把自己的肢体语言全用上，从头用到尾，那你就要面对这样一个问题：你是想让观众听你讲的话，还是看你的动作呢？

所以说，肢体动作在演讲当中不要出现过多，在讲到某些重要地方时做一些大手势或者来回走几步，抑或做其他的组合动作，其余的时候放轻松站在原地，偶尔做个小动作就可以了。

讲到这里，还要提一点，就是放松。还是去观察那些好的演讲者，你会发现他们演讲时的身体状态一定是很放松、很松弛的。演讲时不一定要腰背挺直、目视前方，这是一种很僵硬的状态。当你放松下来以后，你整个人呈现游刃有余的气场，别人一看就知道你这个人很自信，可能演讲还没正式开始，你的这种放松状态就会先让人对你的讲话产生兴趣。而且，你用自己放松的、舒服的状态去做演讲，演讲怎么可能会做不好？

练习室版本的肢体语言

演讲的语言要练习，肢体语言要练习吗？我的答案是当然要啊。说的话要优美，身体动作当然也要追求优美。

很多人在讲话时手部、足部动作可能没那么多，但是头老是不自觉地乱摇乱晃，或者频繁眨眼。在生活场合中和朋友、家人相处时这是没有问题的，但在正式会议或者大众面前，这种动作太频繁就会给人一种不协调的感觉。所以，我的建议就是对镜练习或者用手机、摄像机录像观察，慢慢练习控制自己的下意识动作。

作为一个演讲者和一个主持人，我是一定会对着镜子或摄像机练习的，只有这样，我才能控制自己，去掉那些琐碎的、毫无意义的动作，并且找到最适合自己的肢体动作幅度。比如，在一个大演播厅面对几百个人主持时，我的某个动作幅度要大到什么程度，才能既让后排的观众有所感觉，自己又能保持协调优美；在小会议室只面对几个人时，我的动作幅度要小到什么程度才能看起来不浮夸又协调。这些都是可以练习的。

演讲动作会让演讲更加生动，我建议大家对着镜子练习自己的肢体动作，但是有一点要谨记：不要过度过量，就像我最开始说的，避免自己的肢体语言被限定。

演讲时，如何用声音震撼全场

　　演讲分两个方面，我之前说过了怎么"演"，接下来就要介绍怎么"讲"。讲的关键就在于我们的声音。因为我是从小练声乐的，而且一直都在做演讲、做主持，经常上舞台，所以我的声音也是经过训练的。很多人都跟我说我的声音好听。不管是在打电话的时候，还是面对面交流的时候，声音好听是可以给你加分的。

　　声音也是普通人都可以进行训练的，很多演讲者都会去训练自己的声音。

　　那么让演讲者自己满意，听众听着好听的声音有哪些特点呢?

最后一个人也听得清

演讲是一对多的沟通，你面对的受众有时多有时少。抛开演讲的内容，首先我们要保证的是，你说的每句话每个人都能听见。如果你的声音很小，离你远的听众听不到，他们就会选择离开或者做其他事。出现这种情况，说明你还不是一个优秀的演讲者。

所以说，我们演讲时的声音要足够大。同时，声音大小还要受场地限制，并非声嘶力竭地吼就是讲话声音足够大。演讲场所小时，声音就大一点；演讲场所大时，声音就大得更多一些。还是要注意，声音大不等于吼，不要让别人觉得吵。

除了听得见，还要让人听得清以及听得懂。如果说位置比较靠后的观众能听见你说的话，但是听不清或者听不懂，那这一次演讲对于听众来说并没有什么效果。主持人要做到语言标准、吐字清晰、情绪饱满、不能读错字词等，还要专门练习播音的腔调。我认为，一个好的演讲者不一定要有播音腔，但起码要做到两点：口音尽可能标准，吐字尽可能清晰。

这里有两个练习的方法，一个是通过声乐的发声练习进行训练，另一个是日常模仿，比如说看新闻主播播报新闻，对他们的语调等进行模仿，都对练习声音很有效。

打造自己的节拍

　　这里我要讲的其实之前已经有所提及。写完演讲稿时，可以通过排练来控制好讲话节奏，语速不要太快。可能有的人就是急性子，风风火火的，讲话很快，别人用十秒说的话，他五秒就讲完了。在日常生活中，这种情况不会造成太大的问题，但是在众人面前，比如说公司的一个项目会议，你讲项目收益，如果这个数字在别人的耳朵里停留的时间太短了，别人可能根本来不及反应。

　　所以我们要放慢自己的语速，建议大家去看一看领导者的演讲，他们的演讲普遍都是语速比较慢的。

　　在很多演讲者的节奏当中，除了控制语速，还有专门设置的停顿。比如我们在看一些表演时，有的作品里会专门留出停顿的时间，要么是作品表达需要，要么就是给观众留出反应时间。我们还可以发现，当稍微停顿一下以后，观众的反应可能会更热烈。

　　停顿，在音乐中也很常见，我们会听到有的乐曲中间有一两秒空拍，经过了这种停顿以后，音乐会变得更加激烈、高昂，听众的感受与之前会产生很明显的对比。所以，在演讲中设置几次停顿，给观众时间，也给自己的嗓子休息的时间，这几秒的停顿可以缓解一直讲话带来的疲劳。

自己的嗓子自己守护

想要在听众面前声音洪亮、高低起伏有序，都基于一个先决条件，就是你的嗓子。如果你的嗓子不好，又怎么能做到让你的声音震撼全场呢？

一两秒的停顿可以稍微缓解一下嗓子的负担，但想要拥有一副好嗓子，绝不能只靠这一两秒。我主持的活动，经常持续好几个小时甚至是一天，所以保护嗓子尤为重要。

我通常会采取几个方法：第一就是少喝酒、少喝凉水和冰水，说是少喝，实际上是能不喝就不喝；第二就是少食辛辣、油炸食品，远离刺激性的食物。歌手、主持人这种比较依赖嗓子的工作者都会这么做。

通常情况下，我会用热水泡柠檬、枸杞等，在主持间隙喝上一口，可以帮我维持嗓子的状态。这种做法简单，却行之有效。

演讲时忘词怎么应对

演讲时忘词怎么应对

关于演讲忘词，我觉得首先大家要意识到一点：忘词很正常。不管是多么优秀的演说家还是主持人，或者经常面对媒体的人，都会遇到忘词的情况。所以，不用觉得忘词是一件丢脸的事儿，也不用觉得这是一件别人不会遇到，只有自己遇到的事儿，别人也会忘词，只是你不知道。

为什么会出现忘词这种情况？我可以用我多次演讲经验来跟大家介绍一下。

忘词很常见，总也逃不掉

从小到大，我演讲的次数已经数不清了，我看到过很多和我一同参加演讲活动的人忘词。这里我把忘词归结为三个原因。

第一就是心理负担重、紧张造成大脑空白。首先，多数人是不愿意在公众面前演说的。你跟朋友聊天，从来不会忘词，那为什么一上台就会忘词呢？公开演讲时，演讲对象会在无形之中给予演讲者很大压力。演讲对象很有可能是你的老师，是你的领导，或者说是你不熟悉但是却很有资历的行业前辈，面对这种权威型人物，真的很少有人能做到不紧张。

第二就是期望值太高。俗话说："不想当将军的士兵不是好士兵。"参加比赛，你就会希望得第一名；参加面试，你就会希望拿到录用通知，甚至比其他面试者在面试官心中留下更深更好的印象。人们总是希望展现自己最好的一面。但是太高的期望值就像一根绷紧了的皮筋。期望的演讲和实际情况可能会存在落差，例如，你期望你的某句话会引起听众大笑鼓掌，但是事实上没有，如果你不能快速正确地调整心态，这种冷场的尴尬，就会使你接下来的演讲生出各种问题。

第三就是演讲的内容过于专业，过于难记。那些极具专业性的演讲，光是专有名词、学术用语就能让演讲者记上好久。比如，一名律师讲解法律问题或者某个案件，他一定会讲国家规定的法条，而一个问题或者案件一定是涉及多条法规的，这时候就要考验记忆能力了。

忘词躲不掉，那就靠妙招

忘词并不是可怕的事情，每个演讲者都逃不过忘词的尴尬，只要及时用对方法，忘词也不是什么可怕的事情。

首先就是缓解紧张。我们可以从两个方面缓解情绪。在生理方面，演讲的前一天一定要休息好，在睡眠充足的情况下人就不容易紧张。如果演讲之前感觉还不是很精神，那就喝杯茶或者咖啡，做些原地高抬腿等动作，来达到给自己提神的目的。

在心理方面，我曾看到过这样一种说法：你站在台上，把台下的人都当成小萝卜头。这种说法想表达的是，你要忽略别人怎么看你，你可以把他们想成你最亲近的朋友、家人，这样一想，你就会感觉和听众的距离近了，自然就会缓解紧张心情。

其次就是顺其自然，降低期望值。没有人能做到百分之百完美，所以不要对自己的演讲抱有过高的期待，因为演讲好或不好是你的听众做出的主观判断，这是你自己不可控的。这就好比，很多大学生考试的时候不求八九十分，只求不挂科。我们要用挣取满分的心去准备演讲这件事，但是只抱有卡住及格线的期待，这样就会减小自己的心理落差。

再者是让演讲稿派上用场。我一直都在强调演讲稿框架和逻辑的重要性，即使你忘词了，只要你的脑海中还记得你的演讲框架，清楚你的演讲逻辑，你的主线是永远都不会偏离的。那么，顺着主线即兴演讲，忘记演讲稿中的例子，换一个其他的，往往也是可以产生同等效果的。这个时候，就比较考验演讲者的即兴能力了。

最后就是利用工具。现在的技术很发达，有着各种各样的方式可以在演讲的过程当中给我们做提示，比如说提词器、PPT、手卡等。用技术提示可以解决内容复杂的问题，也就不用担心演讲稿过于难记了。如果没有这些工具，那就换成其他的，比如有一瓶水，你可以说"讲了这么久，我的嗓子在跟我抗议，所以我要喝一口水"，用诙谐的口吻说出这种话，可能会有娱乐观众的效果，喝水的这个时间，就是你的大脑快速运转想词的时候。

所以，放下不必要的担心，忘词的时候总是有各种方法去应对的。正视忘词这件事，用理性的态度面对忘词，避免忘词吧。

5

高效自律

设立清晰目标并高效执行

5

本章内容

设立清晰目标，
做一个有"要感"的人

把"我想"，变为"我要"

往常，不管是读者给我私信留言，还是在直播间与大家互动，我收到最多的问题就是：为什么我想做的事总是做不成？怎么样才能成为一个更自律的人？怎么样才能提高执行力？

设立清晰目标，做一个有"要感"的人，正是我给出的答案。有了足够多的"要感"，上述这类问题就会迎刃而解了。

那么什么是"要感"呢？这个词简单讲就是"我要"，它是区别于生理性欲望的一种正向的理性需求，是集信念、目标、执行力于一身的自我要求，也是一切成功的开端。

经常有读者说"我想成为一个英语说得特别好的演讲者"，或者"我特别想减肥"，但是却总是不成功。这正是缺乏"要感"的表现，所有的"我想"都是具有试探性和软弱性的。当你总是重复对自己说"我想"怎么样的时候，那种愿景就会逐渐失去力量，衰退成一种自我安慰，那么失败也在情理之中了。

你需要把"我想"，变为"我要"。

"我要成为一个英语说得特别好的演讲者。"

"我要减肥。"

你会发现你有的不仅仅是想法，而是一种愿意为之努力的信念，这就是"要感"塑造你的第一步——建立愿景。

拿我自己来说，"要感"作用最明显的便是我考上哈佛大学这件事。

小学时期，我在心中种下了考上哈佛大学的种子。我知道哈佛大学是享誉世界的顶级私立研究型大学，也是著名的常青藤盟校成员，它的部分本科和研究生专业录取率分别仅为5%和6%左右。

我以全校第一名的成绩从香港中文大学法学院毕业后，开始对哈佛大学法学院这个世界上排名前列的法学院充满憧憬，去那里读书是我"必须"要做的事。于是"我一定要上哈佛"的"要感"出现了。

当时这种强烈的"要感"便让我的心里蹦出了一系列问题：

我怎么才能被哈佛大学录取呢？我要通过什么途径，要走哪些程序，要准备什么材料？从问题出现的那一刻开始，我就迅速着手去寻找我要的答案了。

这就要引出我下面要讲的话题，设立清晰目标。

足够想要，所以想办法实现

我想再来分析一下读者的问题：为什么我想做的事总是做不成？怎么样才能够成为一个更自律的人？

当你的脑袋里有这些疑问的时候，其实就说明你不知道自己想要什么。当你知道你想要什么的时候，就不会再问这些问题。当你想要成就一件事情的"要感"足够强烈的时候，你会立刻去寻找达到目标的办法，而不是等待和为自己找借口。你会成为一个"要感"满满的小超人，想尽一切办法去实现你的梦想和目标。

很多人说自己从来没有做成过一件事，也不知道应该怎么去做。背后原因其实是他们想达成这件事情的目标不够清晰，也就是说他们的"要感"不够强烈。

所以，你首先要足够想要，而当你足够想要的时候，你的目标就会非常清晰地呈现在你的眼前了。

就像我说我要上哈佛，我在拥有这个愿景后仍然对怎么考上哈佛比较模糊。但是，我非常明确的是，我一定要想办法实现它。

我要申请的大学的申请流程是怎样的？需要准备什么申请材料？

我要读书的学院有什么特点？它能带给我最重要的价值是什么？

我要读书的学院里有哪些著名的教授？他们各有什么特点？上课要求有哪些？

……

在这些问题都解决之后，我的目标才真正清晰起来，一个清晰的目标，它一定是具象的、可执行的，而绝不是简单的一句"我要上哈佛"。

当设立的目标清晰之后，你离做成这件事就只差执行力了。

按照目标去执行，水到渠成

现在看来，申请哈佛大学的时候，我的准备工作已经做得不能更充分了。这里面包括几项：第一，仔细研究哈佛大学法学院，对学校、学院、老师有充分的了解；第二，厘清申请哈佛大学法学硕士所需要准备的申请材料和申请截止日期。我把做这些事情的日子在日历上做重点标记。

我记得我当时用了两个月的时间整理了所有的申请材料，包括学校的成绩单、一篇自荐论文、一篇专业论文，还有三封推荐信。光是两篇论文，在下笔之前我就花了几个星期的时间做相关的阅读和调研，写作过程中又修改过十几次，力求做到精益求精、字字珠玑，所花费的时间和心思绝不亚于大学毕业论文。

如果没有强烈的"要感"和明晰的目标，也许在面对这些量大且复杂的准备工作的伊始，我就会放弃。但是，"要感"强烈、目标清晰的我就能认真地调研、梳理每一个事项，并一件一件地办到。很多申请学校的人问我：申请大学是不是要找留学中介机构帮忙？我的回答是，如果你的语言水平过关，你一定要自己完成全部申请过程，亲自写每一封申请信，亲自写每一篇申请论文。原因是，这个过程是一个历练自己的过程，更重要的是，知名大学的录取官们能够轻易识别一篇论文是申请者自己写的还是中介机构代写的。

很多人申请国外的大学都会申请10~20所，那就是把自己的"要感"分散成很多份了，抱着一种"能上其中一所大学就够了"的心态，而那一次我只申请了一所学校，也就是哈佛大学。那是因为我对哈佛大学有足够的"要感"，不给自己留退路也是我一向的做事风格。我希望可以对自己说，我竭尽全力了，即使没有被录取也问心无愧。

这就是我将"要感"发挥到极致的故事。

其实你也可以。面对一件事情，只要你对它有强烈的"要感"，你需要做的工作会自动呈现在眼前，你的目标会因为你的"要感"而变得清晰明确，你也就会不自觉地去努力，付出不亚于任何人的努力。向着目标去发挥执行力，你也可以成事，你也会成功。

健康的饮食是自律的前提

健康饮食，从今天开始吧

再说说饮食，如今很多人精米、精面吃得较多，碳水化合物摄入太多，而这种精加工的食品其实营养高不到哪里去，糖含量却很高，会给身体造成很大的压力。

现在所提倡的控糖减糖饮食，一是帮助延缓衰老，二是提升身体各个器官的机能，但还未受到大多数人的重视。

我觉得我们很多人吃蛋白质吃得不够，吃蔬菜吃得不够，吃坚果吃得不够。我建议大家可以尝试地中海饮食法，多摄入新鲜的蔬菜、鱼类、橄榄油、坚果，这种饮食结构更健康。

蛋白质的摄入一定要足够。平时我们吃的炒菜里边虽然有肉片或者鸡蛋，但往往满足不了我们的需要。蛋白质会提供身体必需的氨基酸，它关乎你的指甲、你的皮肤、你的头发，甚至你的大脑的脑力。

含蛋白质的食物要多吃，新鲜蔬菜也要多吃。从西蓝花到西红柿、茄子、地瓜、南瓜，吃的品种越多越好，烹调的方式越原始越好。蒸、煮、炒是最好的方式，尽量避免吃油炸或高加工的食物。碳酸饮料要少喝，点心零食要少吃。

当你戒掉不该吃的东西以后，你的身体状态，可能在一个月、两个月后就会有特别大的变化。长期坚持下去，一定会给你带来惊喜。

我之前看过一本关于追寻食物的最原始状态的书。书中提到为什么吃沙拉很健康：因为沙拉里面的食材，未经过高加工处理，所含的酶最多。而酶是助消化的，所以这些食材进入人的消化系统中，是最有利于消化的。

我也了解到，人在最健康的状态，每天排便的次数为2~3次。但很多现代人一天可能连一次都做不到，这就说明你的肠胃消化功能有些问题了。

上班族经常吃外卖，吃零食，吃火锅，长此以往，身体的压力其实是很大的。

控制食量也很重要，切忌吃饭吃太饱，尤其是晚饭，吃个六七分饱就可以了。这也跟我们传统的饮食方式有关：一大家人围坐一桌，十几个菜，很容易就吃多了。像这样的聚会，可以少一点。也可以实行分餐制：每个人一份，主菜、配菜分量划分好，就这么多，吃完了也没有再去公共区域夹菜的机会，更有利于控制食量。

攻克睡眠和饮食这两个难关，对于完成工作、学习目标，有强大的助力。

健康标准内，想吃什么随便吃

我是一个饮食极其自律的人，我已经很多年没有吃过高热量的食品，更不吃甜食，不喝奶茶。而我其实是一个很喜欢吃甜食的人，这种自律是属于我自己的延迟满足，因为我很清楚我要的是健康和好皮肤、好状态。如果天天大吃大喝放纵自己，那么不管你抹多贵的化妆品，终究是没有办法扭转你吃到身体里的高热量食品造成的负面影响的。所以，大家在选择食物的时候，要把营养成分放在第一位，蛋白质、淀粉、维生素、纤维素的摄入要均衡。炸物、麻辣火锅、奶茶之类的食物，带给身体脏器的负担还是蛮大的，也就是说，爽了嘴巴，最终遭罪的是你的身体，而且这可能是一种不可逆的消耗。

管住嘴，远离高油、高糖，切勿暴饮暴食，是我们每个人都应做的事情。

学会延迟满足，
为大欲望放弃小欲望

　　我们观察一下就会发现，延迟满足能力强的人，普遍都有很好的发展和成就。什么是延迟满足呢？我认为延迟满足是一种期限性等待，这种等待所带来的心理暗示要比即时满足带来的感受强得多。

　　关于延迟满足，有一个著名的棉花糖实验：20世纪60年代，实验者米歇尔给一群4～6岁的孩子每人一颗棉花糖，并告诉他们可以现在吃掉或者等待15分钟再吃。如果现在吃掉，就没有额外的棉花糖了；如果等15分钟，就能再得到一颗棉花糖。实验结果是，有一部分孩子能等待15分钟，而另一部分孩子则不能。能等待15分钟的孩子，被认为是延迟满足能力更强的。

　　当然，这个实验还没有完。10年后，当这群孩子进入青春期时，米歇尔又对他们进行了追踪研究。米歇尔发现，那些小时候能等15分钟的、延迟满足能力强的孩子，比那些小时候不能等的孩子，学习成绩更好，更加独立，拥有更强的适应能力和自我驱动能力。

延迟满足不是一味等待以及克制欲望，某种程度上可以算作"舍小求大"，舍弃短期利益谋求长远利益。

延迟满足不分年龄

不管是成年人自己给自己设立延迟满足的机制或者形成延迟满足的习惯，还是家长培养小朋友建立延迟满足的习惯，都是很重要的。我读过法国思想家卢梭的《论教育》，那本书中提到法国的家长怎么教育小朋友：当小朋友特别想吃糖，或者特别想要玩具的时候，家长总会说一个词——"等等"，这意思就是，他们不能马上满足你的要求。

这其实就是在培养小朋友养成延迟满足的习惯。孩子在等待的过程中，会变得有耐心，也不会觉得什么都是应该的，会更理解要通过自己的努力去获得的道理。反之，如果孩子想要什么就马上给什么，就很容易培养出来那种所谓的小公主或者小少爷。这对于孩子的长期发展是无益的。

我从4岁开始练习钢琴，那时还根本不知道延迟满足的概念。所以，我认为对孩子讲这个概念没有必要，应该在行动当中教他们怎么延迟满足。当我想要抛下计划去做额外事情的时候，我妈妈总是会跟我说等完成练琴计划，完成了你所答应的事情，你才能得到你想要的东西。数次以后，儿时的我就记住了不浪费时间去哭闹撒娇，通过完成任务获得想要的更有成就感。

延迟满足看上去确实很简单，它只是让你做一个简单的选择：现在获得一些东西，或者将来获得一些更大更好的东西。比如，你饿了，特别想吃炸鸡和可乐。你是会马上去买炸鸡和可乐来满足你的食欲，还是选择自己下厨，做少油少盐的菜呢？如果每次都为了满足食欲而选择炸鸡和可乐的话，久而久之，你的身体就会发胖、不健康；如果每次能忍一忍，得到的就是一个相对苗条、健康的身体状态了。两相比较，苗条健康的身体更为吸引人，不是吗？

想要什么样的满足

延迟满足是指通过你的努力，可以获得你想要的东西，这种观念和习惯是可以从小培养的。但不代表小时候没有培养出这种精神，长大以后就不能培养了，相比于小孩子来说，成年人的延迟满足更有目标性。

作为一名成年人，首先要想清楚最想要的是什么，确定自己的长远目标，比如工作多久达到多少年薪等；再者就是制订计划并且确认为了实现计划要做什么。当然，我之前也说过，这并不是说非得到了最后才能满足自己，在这个大过程中，完成小目标就发小奖励，大目标就颁大奖励。

延迟满足对于成年人来说，其实就是舍弃眼前的，去顾长远的；舍弃小的，放眼更大的。就是说你今天少玩一点儿，但是未来可能会更轻松。换言之，如果你不努力去工作，那么就不可能真正地进步，未来也很难会轻松。相比那些更加进取的同事，你可能晋升的机会就更少，获得奖励的机会也会更少。

所以，任何事情其实都有暗含延迟满足的机制，工作是这样，学习也是这样。就像很多人常听到的一句话，"不吃学习的苦，就要吃生活的苦"。

延迟满足帮你控制你自己

延迟满足失败的一个重要原因就是自制力不强，面对诱惑时控制不住自己。就比如说减肥吧，有的女生天天嘴上说减肥，但是什么改变也没有，为什么呢？可能是因为当看到奶茶、蛋糕之类的食物时，她会控制不住去喝一口或者吃一口。因为甜食能给人体带来一系列的反应，让人有种很亢奋的感觉。这就涉及短期利益和长期利益的取舍。

延迟满足所需的自控，会让你对待生活以及工作更认真。延迟不代表阻碍，相反它会带来更大的优势。相比冲动地满足自己，延迟满足会让生活更充实，让人更能享受生活。

良好的作息会为自律助力

很多粉丝问我，怎么样在一个强压的工作状态下，或者是快节奏的都市生活中保持好的皮肤、好的身材；还有很多人问怎么样去提高自己的记忆力，怎么样能获得好成绩等一系列的问题。

最根本的答案是要回归到那个自律的自己，你要做自己能够承受范围内的自律的人。这里面其实包括三个方面，第一是作息，作息更多的是指睡眠；第二是饮食；第三是运动。

找到自己的睡眠规律

提起自律，大多数人都坦言做不到，而其中最难的莫过于规律睡眠和规律饮食。很多人认为这两项相较于工作和家庭来说，并不太重要，尤其是现在的年轻人，几乎没有不熬夜的。

但睡眠和饮食恰恰就是自律这个概念下最重要的两部分。它们不仅影响着我们的身体，更影响着我们的生活。

如果你想要设立清晰的目标并执行，但你却连规律睡眠、规律饮食都做不到，那么你怎么能把一件事情做得完美呢？

这里先说睡眠。良好的作息并不是说晚上9点就睡，而是说有自己的规律，适合早睡就早睡，适合晚睡就晚睡，但到了约定的时间点必须要睡。也不是说就不能熬夜，更重要的是找到适合你的睡眠方式和规律。

比如说你是一个搞艺术的人，每天晚上12点之前睡是不可能的，但是如果你熬点夜，第二天早上晚点起，能把你的生活安排得相对规律，那其实也是可以的。

又比如说你是上班族，每天必须9点半到公司，你就得尽量在晚上12点以前睡觉了。

睡眠可以让你有好的记忆力，这样你才可能集中精力，才可能在学习和工作的时候有良好的状态。对女孩们来说，想要美，睡眠更是特别重要的，想要皮肤好必须得睡够才行。

有些人可能会睡午觉，午睡15分钟就能起到很好的作用。

我的一个医生朋友教给我一个办法，手上拿一串钥匙，困的时候把钥匙握在手里，让自己睡去。睡熟的时候，钥匙串就会掉到地上，人就会醒来，这时间差不多正好15分钟。这一刻你就可以停止午睡，因为已经给身体充好了电。

这15分钟的小睡在医学上、科学上都被证明有效，能够提神，能够提高注意力，提升你的个人状态。

养成规律的作息习惯

睡眠是根本，如果睡不好，你的状态不可能好，你几乎不可能拥有好皮肤，而且在睡眠的过程当中你的身体其实也是在燃烧脂肪的，减肥的人和那些对体力要求很高的人群，比如运动员，都知道只有睡好觉才可能精神饱满，才可能瘦，才可能使皮肤有光泽。所以规律作息是非常重要的。

那到底什么样的作息是好的作息呢？我个人一直提倡要休息得好，但是不能过量，在该休息的时候就休息，养成规律的作息。好的休息才是好的一天的开始，但这个因人而异。有些人睡得晚一点，也起得晚一点，只要相对规律，我觉得也是可以的，不一定要强调早睡早起，尤其是职场人，遵循早睡早起这个规律是有难度的，适当熬夜是不可避免的。现在都市生活和工作的压力都比较大，大家都比较忙，但是只要不是天天熬夜，睡眠规律，什么时候睡、什么时候起都可以调节。

　　但是有一点要记得，不要沉溺于睡眠，比如说很多人的想法是周末了，好好躺在床上睡一天，让自己放松放松，也有很多人真是这么做的。但是睡觉睡太多了容易"睡眠中毒"，睡得过于多，人的精神也会变得比较差，反应会很迟钝。

睡得好，吃得香，活力满满

　　我觉得个人要想长期保持良好的精神状态以及身体状态，作息和饮食这两者缺了哪一个或者说只有一方面做得好都是不行的。只有同时实现良好作息和健康饮食，并且能够长期甚至一直保持，才可能实现1+1＞2的效果。

　　如果一直吃得好，睡得香，那你对外呈现的就一定是比较有活力的状态。以我自己为例，我不喝咖啡提神，只依靠好的睡眠和自律的生活习惯，我能感觉到我的身体是充满活力的。哪怕会偶尔放纵一两次，我也依然神采奕奕、活力四射。

　　还有一种最直观的表现就是变好看了。很多人熬夜或者常吃油腻的东西等，就会发胖或者掉发、脸上长痘。很多人为了这些问题去医院或者买各种治疗产品，但其实没有找到问题要害所在。最简单的办法，就是良好作息加上健康饮食，可能这不是最快的方法，但一定是最长期有效的方法，除非你的这些问题是遗传因素导致的。

规律睡眠和健康饮食两者所能带给我们的就是活力，是幸福感和满足感。如果你听了心动，就去行动吧。

坚持运动，激发内在动力和创造力

　　我真的认为运动可以改变人的一生。如果一个原本不愿意运动的人，真正能够把运动变成他生活的一部分，那么这个人的心理状态、工作状态以及生活状态都会发生良好改变。但是，很多人就是迈不出这一步，或者说有些人可能迈出了这一步，但坚持不下去。

　　相比之下，那些长期坚持运动的人，不管是专业运动员，还是艺人，或者其他职业的人，只需要稍微观察一下就能发现他们的状态大都非常好，他们中有些看起来比同龄人年轻10~20岁。他们的身材往往非常标准，看起来很健康。非常重要的一点就是内在的变化，他们大脑的状态会很活跃：记忆力出色，效率高，决断性好。以上说的种种都是运动能够带来的好处。

　　还有最重要的一点，那就是运动对我们的身体健康有重要意义，例如心血管疾病的预防以及高胆固醇、高血糖、高血脂的改善等。

精神抖擞的人可以做任何事

温蒂·A.苏祖基博士是纽约大学神经科学中心的神经科学与心理学系教授、作家和健身教练。苏祖基博士的主要研究兴趣在大脑的可塑性，她的一项实验研究显示，单一次运动就能改善人转移和聚焦注意力的能力。每一次运动，都会立即增加人体内神经递质的量，提升多巴胺、血清素、正肾上腺素的分泌，这些分泌物会让人感到心情愉悦。以我个人的感受来说，如果我早上醒来以后第一件事是做运动的话，那么一整天我都会精神抖擞，犯困的情况几乎是不可能出现的，心情也非常好。我想，在这种情况下，无论做什么，都会很高效。

我在参加人生当中非常重要的几场考试时（毕业考试、律考等）都承受着很大的压力。但是即使在这种压力重重的阶段，我依旧每天运动。可能有人会疑惑，考试复习那么忙，哪有时间做运动？

没有时间运动的想法太主观。如果你不做运动，可能会一天学8个小时，但是真正有效学习的时间可能只占30%~50%；但如果你做了运动，你的大脑活跃程度增强了，整个人更兴奋了，不困了，那么你有效学习的时间比例可能占80%~90%。做运动之后你可以在更短的时间内完成更多的工作，甚至是平时完成不了的。

运动带给一个人的并不是疲惫感，而是能够支持一整天甚至更久的精力，运动能够支持你更好地完成当日的工作。

超级大脑就在前方

每一次大型考试前，我一定会去健身房。即使考试当天，我也会去健身房。比如下午考试，上午我会去运动健身；上午考试的话，我可能早上去运动健身。运动真的能够提高人的记忆力。

神经学家苏祖基博士在《运动为大脑带来的益处》中讲述，运动时，海马体会制造出全新的脑细胞，而海马体中新的脑细胞使海马体增加容积，可以改善长期记忆。除此之外，她的实验研究还显示，单次运动带来的专注力的改善会持续至少两个小时。而长期的运动，能够显著提升注意力。长期的运动后，大脑获得的就是能够长期存在的情绪转化神经元，会使人获得长期愉悦、长期专注。

对艺术工作者来说，运动还会带来一个更有意义的东西——创意。艺术创作中，最重要的就是灵感，但灵感不是时时刻刻都有的，很多情况下，艺术工作者会因为没有灵感陷入困境。当我遇到这种情况的时候，我就会做瑜伽、打球等，使自己处于一种放空的状态，不经意之间，我的脑子里就会出现很多优质的想法。这些点子可能是我专门去想时绞尽脑汁都想不出来的，但运动之后，它们就主动来找我了。

所以，运动其实是很能激发人的创意的。运动中分泌多巴胺的过程，能让我们的大脑产生各种反应，非常有益于做艺术性、创意性的工作。即使你不是做艺术工作的，运动也可以帮你提神，甚至也有助于你找到问题的解决办法，做出正确决策。

有很多人依靠茶和咖啡来提神，其实它们的功效运动也可以达到。当你累和困的时候，可以尝试一下运动。30分钟的运动就有很好的效果，让你不会累，也不再打瞌睡，进而让你的工作效率大幅提升。

当你开始运动后，就会爱上它

可能会有人觉得自己一天的工作、学习排满了，忙到没有时间运动，其实不是的。运动不一定要在健身房，每次也不一定要花很长时间。

我觉得，一周有效的运动至少要做四次，可以两天做有氧运动，两天做无氧运动；有氧运动和无氧运动一定要结合，尤其是女生。就像我刚才说的，健身不一定非得去健身房，也不一定要请健身教练。现在手机上有很多运动类App，App上有很多有氧和无氧运动的课程，价格也不高，相比于在健身房办卡，更容易使人接受。

做有氧运动可以选择跑步、游泳、打球、瑜伽、登山等。

无氧运动，任何器械类的负重训练都可以。把无氧运动和有氧运动相结合，更利于你形成正确的运动习惯。

想要真正形成运动习惯，你可以先设立一个月的目标，再三个月，再半年，这样你会发现，运动已经成为你生活中不可或缺的一部分了。这之后我相信你一定会爱上运动，因为你的生活、工作、学习等方方面面都会因为运动受益呀。

制定适合自己的奖惩机制

前文我说过，奖励可以帮助增强执行力。大部分时候，奖励是外来的激励，比如，有些公司会有年终奖、考试考得好父母会奖励一些东西、小孩做事认真会得到夸奖等。奖励的形式是多种多样的，与之相对的，惩罚也是多种多样的。我相信很多人都被罚过，写检讨、保证书等。这些奖惩是由他人来判定和执行的。

我这里要说的是，相比于外界奖惩，我们更要注重在完成某项任务或者目标时自己对自己的奖励或惩罚。世界上最了解一个人的是他自己，只有自己才能知道什么能让自己满足，什么令自己害怕。

确定自己想要什么

奖励各种各样，一颗糖果、一场电影、一次运动或者几百块钱等任何你想得到或者想不到的东西都可以成为奖品，但是只有当你主观认为这是一种奖励的时候，奖励才会有效。比如，公司组织外出游玩放松，但是对你来说，游玩很累，反而放一天假是你想要的，那么公司的这种奖励对你并没有什么正向的刺激作用，甚至还可能会让你的身心更加疲惫。

因此，我要告诉大家的是，在做任务之前，先想一想做完以后选择什么来犒劳自己，比如喜欢买东西的可以清一次购物车，爱玩游戏的可以玩两三个小时游戏。

但是要遵循一个原则，大事大奖励，小事小奖励，这一点一定要控制好，如果在做成一件小事的时候你给了自己一个大大的奖励，那当你做成一件大事的时候，你要如何奖励自己呢？只有确定好自己想要什么，才能让奖励带来额外的满足感受。

奖惩不代表放纵

如果你是一个真正自律的人，应该是不需要那种仅仅满足欲望的偶尔奖励的。

比如说减肥，你给自己定了计划，每天吃什么，吃得很健康，坚持了一个星期，觉得自己做到了，立马就奖励自己一顿火锅、甜点之类的。这只能说明，你还没有从根本上意识到，你减肥是为了什么。如果你真正意识到自己的生活方式有问题，需要改变的话，应该从根本上去改变。而你做到从根本上改变之后，是不需要用吃一顿火锅、甜品之类的方式去奖励自己的。

也就是说，对自己的奖励机制应该是健康的、良性的。比如说你这一周吃的东西都很清淡，可以在周末的时候，适当地给自己加个鸡腿，或者说请自己吃一顿绿色健康的饭。否则的话，你之前的那些努力不就白费了吗？

以上说的火锅、甜点之类的奖励其实在根本上是违背了自己的初衷的，一个坚定想要做好一件事的人，是不会去随意触碰诱惑的。我为什么用减肥举例呢？因为减肥这件事是大多数人都可能会经历的。不管是男人还是女人，大家都可能在人生中的某个阶段需要减肥。现代社会，大家对保持身材这件事情也都越来越重视。

拿学习来举例的话，努力学一段时间之后跟朋友出去聚会，我认为是不错的奖励。对比来说，学习之后用打游戏来奖励自己可能就不是一种很好的方式。

所以我觉得奖惩也要划分良性等级，建议你在选择奖惩的时候，选择更良性一点的。记住，具体奖惩内容是次要的，奖惩只是辅助，而不是目标本身。

奖惩：遵从内心

我现在回想自己读书的时候有没有给自己设立过这种奖惩制度。想来想去，其实我并没有给自己设立很明确的奖惩方式，但是庆祝一定是会有的，比如，在考试时拿到很好的成绩，或者取得一次比赛冠军的时候，我会和好朋友一起吃一顿好吃的，也可能会买一件自己喜欢的衣服。而我想说的是，奖励不必太刻意，要根据个人意愿和当时的情况进行调整。

如果在这个时间段里你真的想不出什么有效的奖励机制，那就不必非要选一个可有可无的东西来做奖励，那样的奖励即使设定好了也不会带来太大动力，还可能会造成浪费。所以奖励自己还是要遵从自己的内心，效果才会好。

6

格局思维

站在更高的位置看待问题

6

本章内容

思维格局有多大，人生就能走多远

多听、多看、多思

树立批判性思维，避免绝对化

学会透过现象看到本质

训练自己的逻辑思维

养成读书的好习惯

思维格局有多大，人生就能走多远

可能对很多学生或者刚入职场的年轻人来说，格局，到底是指什么并不清楚。我觉得格局是一种思维方式，是你的眼界有多开阔，是你敢不敢去想，是你敢不敢去做。我刚才所列举的这些是由你的学识、你的工作经历和你身边的朋友带给你的。换句话说，格局是被你的朋友圈、你的社交圈影响的。

和优秀的人在一起

我们都希望扩大自己的格局，让自己成为一个更有眼界、敢去想、敢去做的人。获得更好的教育，获得更有锻炼机会的工作，与更多优秀的人在一起，便容易形成更大的格局。

有人问，这个概念是不是有点虚？具体举例，研究生毕业的我，深刻感受到学校赋予我的是知识，是眼界。毕业后，当我在工作上和生活上有疑惑的时候，我常常去征求导师和同学的意见，在这些交流中，我能获得很多，这其实就是格局的提升。

所以，很多时候学历很重要，朋友圈也很重要，因为这些直接关系到你能看多远，也就是你的"认知"。当你身边聚集着优秀的人的时候，你会耳濡目染地接触和学习最前沿的资讯和知识。

扩大自己的格局领地

如果一个人一直固定在一个圈子里，会受到很多固化思想的影响，这样的人生肯定会被限制，这就是为什么成功人士总是努力去提升自己，结交更多优秀的朋友。

首先，要对自己有一个清晰的认知。了解自己的优势和劣势，有意识地去学习和提升自己。不管是读研究生，还是在社会上报班学习某项技能，多给自己一些挑战，你是一定能提高自己的认知和格局的。尤其是那些身处小城市的年轻人，与生长在大城市的同龄人相比，所见所得多少会有些差异，这是一种存在已久的不平衡现象。

　　提高格局和眼界，你要通过自己的努力去找身边有哪些有效途径。用你的恒心、耐心和勇气去寻找和探索新的机会。

　　除学习之外，结交朋友也是很关键的一环。有一句话大概是这么说的，人都会越来越像身边跟你接触最多的五个人。所以，大家都要想想跟你接触最多的那五个人是谁，因为你很可能越来越像他们。如果你接触的人都是比你差的，那你可能错失提高的空间；但是如果你接触的都是比你强的人，你也会越来越强，因为你会追着他们走，所以结交朋友很重要。

　　我很幸运，有机会主持各行各业的顶级会议和活动，有很多机会去结识世界上各个行业的精英，在跟他们的交流中，我也在不断学习和吸取最新的知识和方法，提升自己的认知和格局，这是一件让人受益无穷的事情。

多听、多看、多思

我们经常会钻牛角尖，觉得别人不理解自己，觉得自己是对的，试图改变别人或者让别人理解自己。这是最不明智的选择，因为你是这么想的，别人很有可能也是这么想的。

当对方提出反对意见时，你要学会接受，而不是立刻表现出抗拒和反击。世界上有很多有趣的人值得你深入了解，并由此去开阔自己的眼界。

聆听是交友的绝佳手段

做一个好的聆听者，在任何一种关系当中都很重要，之前的章节专门讲过怎么样做一个好的聆听者。所有人都喜欢讲故事，讲自己的故事，因为这是一个令人开心的宣泄过程。如果两个人都有很强烈的宣泄欲，那这样的对话肯定没法进行，所以，在一个人说的时候，另一个人肯定要扮演聆听者的角色。

在这个过程当中，给别人讲话的机会是会让人比较舒服的，最终产生的好结果是你们成为朋友，所以多听很重要。除此之外，跟别人聊天的过程中，你会了解到很多新东西。再者就是获得对方的信任，对方会向人敞开心扉。如果你听到对方说"你真是一个很好的聆听者"，那说明你成功地获得了对方的信任。

聆听对于主持人来说也十分重要。一个好的主持人在提问的时候，问题不会特别长，因为好的提问不是为了彰显自己的水平和文采，该是点到为止的。问题的重心要放在回答问题的那个人身上。你提出问题以后，对方能讲出有趣生动的答案，才说明提问者是有水平的。

如果主持人为了展示自己，本来十几个字的问题，但铺垫了一整段话，不仅不招人喜欢，也会让受访者失去耐心、让观众失去兴趣。

世界很大，出去走走

很多事情如果我们仅仅从自己的角度出发，只能看到这件事情的一个面，要逐渐学会多角度思考。有留学经历的同学，一般来说视角更加多元，他们离开祖国去国外了解不同的文化，不同的社会风俗。学子们在异国他乡会让自己的认知变得更加立体化，会思乡、思念自己的祖国，同时更加热爱祖国，往往会带着骄傲的爱国心情去宣扬中华文化，成为中华文化的传播使者。

读万卷书，行万里路也是这个意思，去了解不同地方的文化会丰富自己的见识，会使得我们对事物的理解更加深刻而全面。我们都不想做思维刻板、固化的人。丰富认知和思维方式会让我们在坚守原则的前提下变得更加包容。在没有看清一件事之前，不要那么轻易去下定义和贴标签。

我曾在多个文化环境中学习，了解了不同文化属性对同一问题的看法，这些经历使我的包容性更强。当然我也是一个特别不喜欢给人和事贴标签的人，做事习惯是先进行透彻的了解，再进行分析和解读。更要记得，我们所了解的，往往只是事实的某些侧面而已。

深思熟虑，多多动脑

多思和前两者是紧密相关的，当你倾听时，你就在思考，不急着表达和宣泄，凡事多给自己几分钟时间思考，所言必定会非同凡响。

当没有想好如何对答时，最好的办法是先认真倾听。未经深思熟虑的言辞，很可能让你后悔。小事也许无关紧要，但是在一场重要的谈判，或者一个重要的决策过程中，认真倾听、深思熟虑之后再做判断就尤为重要了。

所以，在多听和多思的基础之上总结出来的东西才是最有效的表达。

有一句话叫"祸从口出"，讲的也是这个道理，做一个在说话之前深思熟虑的人，对于新入职场的年轻人来说，这是一个十分重要的原则。

树立批判性思维，避免绝对化

很多老师都对学生强调要形成批判性思维，希望学生在面对新知识时培养独立思考和判断的能力。培养批判性思维是为了增强人的独立思考能力、好奇心和求知欲，而好奇心和求知欲，往往可以让你受益一生。

未雨绸缪，培养解决问题的能力

从本质上说，批判性思维是一种质疑的态度。通过什么途径得知相关信息？信息是否确定？如果确定，还有无其他尚未考虑到的答案、解决方案或可能性？具有批判性思维的人会观察、解读、分析、推断、评估、沟通想法。或者换句话说，批判性思维是一个深思熟虑的思考过程；它涉及暂时停止自己的判断、考虑不同的观点、审视影响或后果、通过逻辑推理和证据来解决问题；如果出现新的信息，会对想法或观点进行重新评估。

简单来说，批判性思维就是要从大局着眼。实际上，以这样或那样的方式解决问题是我们每天都在做的事情，其中包括找出最佳上班路线、针对重要客户和高度复杂的情况找到解决方案、决定自己的职业发展方向以及根据可用的信息发现尽可能多的选择。

正确的决定以批判性思维为基础。这种能力应该是从小培养的，面对任何事，无论大小，都有自己主动去研究、探索的精神。我在这里就不举专业的例子了，就说几个日常例子：早餐是应该喝粥吃榨菜，还是喝牛奶吃鸡蛋？水果到底应该饭前吃还是饭后吃？女性健身是否应该进行负重训练？营养健康的饮食到底包含哪些内容？与其道听途说，不如自己找专业书籍进行学习。

我们要不停地提问，不轻易接受任何没有考证过的答案，缺少批判性思维是懒惰的表现。如果一个人从小善于去研究和探索，即使长大后当不了科学家，也一定是个富有创造力和学习能力强的人。

如何练习批判性思维

我们越来越注重培养学生的批判性思维。中小学课堂上会通过做实验来还原验证过程，并且欢迎同学发问，我觉得这是一个非常好的信号。

这里我要分享日常培养批判性思维的三个步骤。

第一步，花5分钟时间对你选择的主题通过书籍或者互联网进行搜索，例如：如何制作出众的PPT？如何学习雅思？或者"控糖"是什么意思？

第二步，分析你的搜索结果，并问自己几个关键问题：哪些结果来源可靠？哪些最能回答你的问题？文章的作者是谁？他/她可能有什么偏见？是否应从一个来源获取所有信息？你是否搜索过多个来源？

第三步，审视你所找到的信息并回答：你会向朋友推荐哪个网站？哪些内容是你最终认定的可靠的优质信息？

你可以将这种方法运用到日常工作中，在日常活动中运用批判性思维，你会发现自己的分析能力自然而然地提高了，分析也更为客观。如果你还在读书，我建议你有机会可以多多参加辩论比赛。我有多年参加辩论比赛的经历，我觉得辩论不仅带给我清晰的表达能力，更提高了我的批判性思维能力。在你面对辩论对手之前，一定要做充分的准备，辩论时快速调动大脑，组织语言，并且找出对方的破绽进行反问，将你日常的批判性思维练习付诸实践。

培养同理心，拒绝绝对化

同理心不只是一种能力，更是一种力量，能够带来人际关系的根本性转变。其核心就是，充分了解对方的感受和情绪，站在对方的角度思考问题，根据对方的需要提供合理的帮助。而这种能力能够通过学习获得，其发展能够让我们终身受益。

相反，固执己见、绝对化是一件很可怕的事情。试想如果你的观点本来就经不起推敲，却还坚持认为自己是对的，结果只能是错上加错。

什么是同理心？很多人误把同理心当成同情心，而真正的同理心，是想办法和对方"感同身受"。

也有很多人认为，同理心是一种天赋，或者需要极高的情商才能做到。但其实同理心与生俱来，人人都有。人大概自2~3岁开始就已经出现同理心了，比如看到别人打哈欠，自己也会想打；看到别人身上爬了一只虫子，自己也会感到毛骨悚然，这正是同理心的显性特征。不过出于各种原因，我们的同理心在成长过程中受到了抑制，使得很多人在成年后无法对他人的感受产生共鸣，心与心的距离也就越来越远。

为什么现代人越来越缺乏同理心？很多人会无意识地给特定群体贴标签，比如一提到爱宅在家里的人，第一反应就是"死肥宅"，想到富二代就觉得对方应该是纨绔子弟。这就是贴标签，它会在很短时间内发生，使我们忽略对方的个性；这就是绝对化，它让我们难以对他人的遭遇产生同理心。

如何有效培养同理心？我觉得向同理心强大的人学习是最有效的方式。他们在沟通中存在异于常人的非凡特质，比如：积极倾听、展示脆弱、关心他人。他们不预设立场，不妄加评判，通过积极倾听明白对方的需求，给出满足对方需求的答复，从而获得信任。

我们都要力争做更有同理心的人。

学会透过现象看到本质

无论是在生活还是工作中，只看表象是很难真正解决问题的，只有透过现象看本质，才能够发掘问题所在，从而解决问题。有时因为事情太过于纷杂，各类信息层出不穷，真假难辨，加之很多人阅历不足，认知不够，很难真正做到透过现象看本质。但我觉得这是每个人提升自己的必由之路，本节就这个话题分享自己的一些看法。

看到问题的本质，从而获得提升

问题无处不在，但如果你每次发现问题，都只停留在表象层面敷衍过去，就不能获得真正的提升，也无法确保类似问题不再发生。其实总结和思考的过程，就是复盘的过程，也是一个让我们去发现问题本质的好时机。如果每一次犯错或受挫后，你都没有分析思考和总结复盘，那你就可能重蹈覆辙，屡次犯错。而这个分析、思考和总结复盘的过程，就是一个透过现象看本质的过程。

以上所说的这个过程是可以不断提升你的分析能力的。我的朋友瑞·达利欧在他的《原则》里写过，人是一定会犯错误的，但挫折所带来的痛苦+思考复盘=进步（Pain + Reflection = Progress）。

有时候，我的团队工作出现了小问题，比如排版出错、翻译出错，错误仅仅是表象，折射出的是团队成员对于工作质量的要求偏低，缺乏对作品的完美追求，没有把工作当成自己的热爱去小心呵护。如果不从根源意识到以上问题，就很难避免这类问题的再次发生。

我记得一个案例：律师撰写一个著名上市公司的财务统计报表，文件中需要展示公司的盈利和亏损状况，但由于律师的疏漏，在一个盈利的数字前加了一个负号，这一个负号使该公司直接从盈利变为亏损。这样的文件如果直接发布，对该公司会造成极大的负面影响，可见一个小小的"-"和它背后的"不认真"所带来的杀伤力。

将问题从根子上解决

　　正如我以上所举的例子，首先我们要明白真正的问题是什么：那些浅层的问题需要解决，但更重要的是解决最深层的问题。无论是在学习还是在工作中，找到问题之后就要去寻找解决的办法，如果是技术因素导致的，那就用技术去解决它；如果是人为因素导致的，譬如粗心大意，那就需要追根溯源、复盘反思、坚决根除，确保类似问题不再发生。

　　同一个问题出现一次是意外，出现两次也可以是意外，但事不过三。如果常常要花费大量时间来处理同类问题，就是一种资源浪费：浪费时间、浪费金钱、浪费精力。

　　所以，在解决问题之后还要预防问题。前事不忘，后事之师，要学会预判，从而排除可能诱导问题产生的那些因素。做好预防工作后，很多不必要的时间和精力的耗费就可以避免。

训练自己的逻辑思维

训练自己的逻辑思维

我是法学生，十分注重逻辑思维能力。工作中有高效的逻辑思维能力无比重要，它能立刻让你找到问题的关键，让其迎刃而解。

逻辑思维的过程，化繁为简，目的是找到解决方法。因此，所有和"寻求解决方法"无关的信息，都是无用信息，都需要剔除。

那讲求逻辑有什么用呢？心理学研究显示，逻辑思维会影响一个人的分辨能力、表达能力、学习能力和创新能力。我个人觉得这些能力，在通向成功的征途中是必备的。

我很喜欢《教父》这部电影，里面有一句话让我记忆至今：

"花半秒钟就看透事物本质的人，和花一辈子都看不清事物本质的人，注定是截然不同的命运。"

化繁为简，先说结论

逻辑思维不只对学法律的人重要，对各行各业的人都很重要。逻辑思维涉及你工作和生活的方方面面，我很幸运，法律学习的过程系统地训练了我的逻辑思维能力。

很多粉丝朋友问我法律和传媒是否有相通之处，我的答案是：当然有。

媒体工作的核心是表达，而优秀的表达需要逻辑非常清晰，尤其是新闻事件的报道和解读：你只有逻辑清晰，才能让观众看明白你的报道。所以，不论是做律师还是做主持人，我一直不断提升的一项技能就是快速梳理和简化繁杂信息。

在任何表达或者演说当中，先说结论都是帮助我们梳理逻辑的绝佳方式，也是最简单实用的一条经验。

先讲结论，把你要阐述的观点一开始就抛出来，这能节省所有人的时间。麦肯锡公司有一个著名的电梯理论，讲的是如何在进入电梯的30秒内向客户成功推销自己的方案。这么短的时间里没人会听不相干的废话，因此第一句话就要把自己的核心观点传递出来：我们的方案是什么，以及它为什么是最佳的选择。

我在直播课中经常说的演讲"总—分—总"原则在此就派上用场了。

首先抛出核心观点，即"你应该做什么"。用几句话概括此次沟通的核心内容，这几句话要凝聚你大量心血，需要花费你大量的时间去考证和分析。阐述完核心观点之后，接下来需要进行解释，即"为什么"。这时候，就像写论文一样，你要提出支撑你核心观点的论据，以及支持核心论点的分论点。

先讲结论的人，能够在一开始就抓住别人的注意力，接下来通过层层递进的方式论证结论的正确性，听众就不会迷失方向。

当你给领导汇报工作的时候，他们绝不可能听你长篇累牍的解释分析，他们只会听你的结论，或者解决方法。当他们有兴趣的时候，会追问细节，当他们很忙的时候，他们只需要听到最重要的信息。而当你养成这个习惯以后，你的领导将会非常喜欢听你汇报工作，因为他会觉得"你和我是一个频道的人"。升职机会不给你给谁？

建立逻辑思维大纲

以下是我思考问题时会遵循的一个思维提纲，供大家参考。首先提出问题：核心问题是什么？只能有一个核心问题，如果有多个，就需要找到最重要的那一个。这个核心问题的背景是什么？找到它的来龙去脉、历史原因。与这个问题有关的人物和因素有哪些？哪些是导致这个问题的关键原因，哪些是次要原因？解决这个问题有哪些方法？解决这个问题，你现在欠缺哪些条件或者资源？如何去弥补这些欠缺？规划你的时间：先做什么，再做什么。最后一步，付诸实践。

遇到问题后，遵循这样的思维脉络，多尝试几次，你会不自觉地按照这个逻辑去面对任何你遇到的问题。今后你在工作和生活中遇到的任何复杂问题，都能轻松化解。

逻辑思维是可以有意识地去培养的，多做以上的练习，并在日常生活中多阅读、多沟通，都可以有效地提高自己的逻辑思维能力。阅读时选择历史书、人物传记，了解时代伟人都是如何思考的，在不知不觉当中，你也会逐渐成为一个思维清晰的人。

如果你是学生，有机会可以多去参加辩论赛。辩论，是一种逻辑思维口述展示的形式，它要求你在限定时间内，把你的所思所想——核心观点、论据、结论，进行一次清晰的阐述，这是一件富有挑战性的事情。

　　若你没有机会参加实战辩论赛，也可以经常观看他人辩论，学习和借鉴辩论技巧。你还可以在家分角色地自己同自己对话，练习演说和辩论技巧。这样做，不仅口语表达能力可以得到锻炼，逻辑思维和应变能力都会获得提升。

养成读书的好习惯

我们从小到大听到过的有关读书的名人名言很多，比如"读书破万卷，下笔如有神""饭可以一日不吃，觉可以一日不睡，书不可以一日不读""万般皆下品，唯有读书高""活到老学到老""学而不厌，诲人不倦"，等等。

一个人喜欢读书，并把阅读当成习惯，这对他的一生会有很大的影响，阅读无论是对孩子，还是对成人来说，都是受益终身的。一个孩子爱上了阅读，阅读就会帮助他学习，增强兴趣，提高能力，拓宽知识面。一个成人通过后天的培养喜欢上阅读，阅读就会为他打开另一扇窗，看到不一样的世界。所谓"腹有诗书气自华"，你读的书越多，就越有良好气质，越有文化底蕴，所以无论哪个年龄阶段，都要明白读书的重要性。

找回读书的动力，开卷有益

很多人上学时不爱读书，那是因为学生时期没有领悟读书的快乐以及价值。随着年龄的增长，很多人意识到读书的重要性，但光阴已逝，成年人的读书时间有限，往往没有意志力再读书学习了。

我的日常工作也很繁忙：主持和制作节目、写作、音乐创作、健身运动，还有社交。在这样忙碌的状态下，找到阅读的内在动力，就尤为重要。

对于我来说，阅读首先是不断提升认知、扩大格局的手段。读书让我在纷扰的世界里时刻保持清醒的头脑，让我在不知不觉中找到很多问题的答案。我喜欢听语音书，听书对我来说是一种享受。

很多人花大量的时间追剧、刷短视频、打游戏，越来越多的娱乐方式麻痹我们的大脑，很多人盲从，失去自己对事物的判断和分析能力。读书可以使我们保持清醒。

开卷有益，每天拿出半个小时到一个小时的时间阅读，同样的书，在不同的年龄段去阅读，会有不同的感受和体会。

至于如何选择书，我们可以根据自己的兴趣爱好选择同品类中评价高的书籍，也可以阅读经典名著，这些书籍往往不会令你失望。当读完一本好书，你觉得十分喜欢时，便可以寻找同一作者所著的其他书籍阅读。

找对方法，坚持阅读

如何在信息横流的时代坚持阅读？我们需要正确的方法。

我很喜欢听书，喜马拉雅App是我经常用的听书平台，而英文原著我会选择使用Audible，听书可以释放我们的双手和双眼，让我们可以无时无刻不在阅读和学习。

在法学院的时候，我会在以下几个时段听书：早上洗漱时、做饭吃饭时、上下学路上、晚上睡觉前。我还会将语音书的播放加速，提高我的听书效率，这样我每天的阅读时长会稳定在两小时以上。当这样的习惯养成之后，你会发现自己每天都十分充实且有收获。

在图书馆阅读纸质书的时候，为了不受外界的干扰，我会将手机放在看不见的地方，要求自己几个小时不看手机，集中注意力在阅读上。我也会一边阅读，一边记笔记，这样最有助于消化书中的重点信息。

工作后，我继续发扬听书的好习惯，尤其是在出差途中，听书是非常好的旅途伴侣。

如何记住一本书所讲的内容？最好的方式就是讲给身边的人听。如果你能将一本书的中心思想复述出来，你一定已经吸收了这本书的精华。如果进一步写成日记或者完整的读后感，用自己的语言和逻辑去归纳一遍，它一定可以成为你知识库的一部分。

"活到老，学到老"，随着年龄的增长，肉体的衰老是不可避免的，但是心灵却可以永葆年轻，永远站在时代的最前沿。在我们的一生中，心灵可以获得成长的机会无穷无尽。而这种成长，一部分靠丰富的阅历，一部分则是靠大量的阅读和思考。

7

重视选择

用终局视角审视当下

7

本章内容

以始为终，修正自己当下所做的事

选择比努力更重要

努力是做出正确选择的基础

解决内心冲突，摆脱选择困难症

把每个选择做成最正确的答案

以始为终，修正自己当下所做的事

修正自己当下做的事，要以始为终。以始为终，就是以最终的结果为导向，也就是说你需要非常清晰地知道你想要获得什么。

我建议大家按照两个步骤来执行：第一，你要确定自己的目标是什么，既然要修正自己的不足，就要知道修正方向与最终要达成何种结果；第二，你要制订一个修正自己的计划并坚决执行，而这时，考验的便是你的执行能力。

坚定目标

如何确定属于自己的目标：如果你是学生，考上某一所知名学府可能是你的目标，那么你的计划就应该是获得在某一学科上或者是多个学科上的系统性提升；如果你是职场白领，那么你的目标可能是提升自己的某项职场技能以及获取高价值的工作经验，而你的计划应该是继续学习或主动向上级申请某个特定的工作机会，进而获得相关技能的提升。

以上为关于目标的宏观表述，其中，我觉得有一点非常值得我们注意：目标一定不能过于宽泛，清晰才有利于具体执行。例如，"我想在雅思考试中获得好成绩"的目标不够具体，而"我想考过7分，其中口语和作文不低于7.5分"，这才是更有利于执行的目标。

你可以根据你现在的需求，以及现在所处的环境去确定自己的目标，当目标确定好之后，再去思考自己在实现目标的过程中会遇到的问题。生活中的问题大多都是长期的习惯造成的，修正自己的过程是一个自我反思的过程：如果你喜欢睡懒觉，那么就给自己制订每天早起一小时的计划，坚持三个月，一定可以改变睡懒觉的习惯；如果你不喜欢运动，爱吃外卖、喝奶茶，那就制订一周运动三次的计划，并杜绝高热量食品，严格执行。这是一个渐进的改变过程，你一定会遇到诱惑，这就需要你格外明确你的目标，因为坚定的目标和我讲过的"要感"可以帮助你抵御诱惑，一步一步向着目标靠近。

付诸行动，提升执行力

当你有了明确的目标之后，就要付诸行动了。我在之前的章节里提到，当你的目标绝对清晰时，执行将变得容易。有人问我：我有拖延症怎么办？我不够自律怎么办？我认为你之所以会问出这些问题，都是因为你还没有树立清晰坚定的目标，你的"要感"还不够强烈。当你的目标不够清晰时，你会有种种的疑惑。但是当你的目标坚定，你的内在驱动力够大的时候，你自然而然地会想尽各种各样的办法去实现目标。所以说，你的执行力是和目标紧紧挂钩的。

在目标清晰的前提下，到底该如何提升自己的执行力？我给大家分享几个方法：第一，抓住事情的关键和重点，很多时候一件事情有不止一处关键的地方，如果能从几个关键之处入手，就能在一定程度上提高做事的效率；第二，落笔做计划，日计划、周计划、月计划，重要的工作优先处理，当日工作当日完成，不拖延；第三，找到最高效的工作方式，减少时间和资源上的消耗。如果你可以用半天完成别人一天的工作量，那你当然是高效的。要想掌握工作上的高效方法，你就要勤于向前辈求教，同时，善于总结经验教训与方式方法，将自己的执行力不断提高。

最后，不要想着能够一蹴而就。执行力的提高意味着工作效率的提高，而工作效率又受到环境、条件等客观因素的影响，因此，短时间内提高自己的工作效率，提高自己的执行力不是那么容易的。你要一步一步、脚踏实地地积累经验，再持之以恒提高执行力。熟能生巧是有一定道理的，在不断重复做一些事的过程中，我们会变得更加从容，因此，坚持真的非常重要。

学会自省，走出舒适区

实现目标的过程，也是一个自省的过程。你可能会发现自己有很多此前没有意识到的，并给自己实现目标制造了障碍的问题。客观地审视自己，才能快速找到解决问题的办法。想要对自己做到绝对客观，是不容易的，因此你需要收集不同角度的看法，尤其是跟自己相反的看法和对自己的批评，这相当于是外界对自己的监督。

我认为，想获得飞跃式的提高，必须走出自己的"舒适区"。

"舒适区"是一个心理学概念，它是指一个人现有能力能够完全掌控的区域。人们在处理心理舒适区范围内的事务时，往往能得心应手、从容不迫；然而，当面临的工作在舒适区之外时，人们就会感到焦虑、紧张、无所适从，甚至产生逃避、退缩的心理。这是因为人们对不确定的事物有着本能的排斥，甚至心存恐惧。

古语有云："学如逆水行舟，不进则退。"局限于舒适区，不能躲避更多的风险，只会导致风险来临时不知所措。在职场中，长期处于心理舒适区会产生职业倦怠，不愿意接触新鲜事物。久而久之，就习惯于停留在原地，难以适应外界的变化，从而阻碍自己的成长与发展。

未知，虽然有时让人恐惧，但也常常带来意想不到的收益。走出舒适区，尝试新鲜的事物，扩大交际圈子，拓宽眼界，增长见识，你能够收获更多快乐。探索未知世界本身具有风险性，但却会让你处于一种焦虑与欣喜并存的状态。刚开始你会比较焦虑，但逐渐探索之后会获得巨大的满足感和成就感，这种推动力会促使你开辟"新航路"，提高整体能力和素质。

一些细微的改变也可以让你慢慢摆脱舒适区。比如，尝试学习一项新技能，可以是一项运动、一门乐器等；或者，去发现新的公园、运动场所等；也可以在社交平台寻找感兴趣的小组，获取一些新鲜的资讯；另外，职场人也可以主动探索行业之外或是同一行业不同领域的知识，做一个"斜杠青年"，适当拓展自己的职业路线。

选择比努力更重要

有人说："是我们做出的大小选择，决定了我们今生成为什么样的人，过着什么样的生活。"我很赞同这句话，人生路就是由一个一个选择连缀成的，而选择的结果经由时间的沉淀，就汇成了一个人命运的河流。选择在这个时代被赋予了更多的意义和价值，因为相较于过去人们无可选择的窘境，如今我们的选择显然要多得多，同时也让我们纠结得多。

选择重要还是努力重要？这是一个永恒的课题。概括来讲，选择比努力要重要一些，因为，如果你选错了路，你的努力方向就不正确。而在这种情况下，努力的效果变得无法掌控，同时又耗费了大量的时间和精力。

每个人每时每刻，都在做着这样或那样的选择。你选择上学，他选择出国；你选择打工，他选择创业。有些看似不起眼的选择，会在往后很长的一段时间里左右着我们的命运。

不要从众，不忘初心

选择的不同，往往来自每个人内心不一样的价值追求。有的人认为安逸平淡最重要，有的人认为挑战折腾更重要；有的人认为事业成功最重要，有的人认为家庭幸福更重要；有的人认为追求名利最重要，有的人认为坚持自我更重要。

在这个快节奏的时代，时间太少，选项太多，我们容易在面对选择的时候焦虑烦躁，总是想要追求那个最优解，但往往事与愿违。我更想要跟大家分享的，是选择背后的那些我们可以把握的普世逻辑，以帮助我们做出更好的选择。

第一，不要从众。从众很容易，因为那是最简单、最省力的选项，你不需要做太多的思考，只因这个选项已经经过了很多人验证，不会出什么大错。但很多时候，我们会被社会流行观念所裹挟，做出并非出自本意的选择，且对这种被动毫无意识。

没有人会为你的选择负责，除了你自己。所以最重要的，是我们自己要主动地做出选择。你最需要的是质疑那些在你耳边反复念叨的人，然后依照自己的价值观去做选择，即使经过思考之后的选择和别人的建议是一样的，那也是你自己主动做出的一次人生探索，而不是出于投机取巧的盲从。更进一步讲，只有自己主动做出的选择，我们才愿意去为结果负责，而不是在失败之后怨天尤人。

第二，不忘初心。面对工作和生活中的选择，我们需要扪心自问：我最初的梦想是什么？我有没有坚持自己的梦想？回到出发点，找到自己当初出发的理由，不要被社会上的各种诱惑"撬动"初心。

只有不忘初心的选择，你才会长久坚持。驱动你的是信念的力量，并不是简单的"我要赚多少钱"。你是被一种情感的强大力量所鼓舞，去塑造自己的人生的。

我所做出的人生选择都遵循了以上两条规则，虽然经常做出令人诧异和"艰难"的选择，但事实证明，我的选择都是遵循最初梦想的。追求自己所热爱的事业，我认为是保持最佳状态的终极方式。

选择有挑战的选项

在我们的生活中，幂次法则起着广泛的作用。幂次法则也叫"20-80法则"，由经济学家维尔弗雷多·帕累托在1906年提出，他认为：在任何一组东西中，最重要的只占其中一小部分，约20%，其余80%尽管是多数，却是次要的。比如，你事业的成功往往来自一两个项目的成功，你投资的收益往往来自某一两个投资项目。

普通人的崛起没有什么窍门，最重要的是找到你人生中少数成长性很高的事，然后为之拼尽全力。

如果你把时间放在吃饭、刷剧、逛淘宝、玩游戏这些事情上，也许当时会很开心、很满足，但它们无法对你的人生产生更深远的影响，大多数情况，它们会让你变得懒散，变得颓废，最终让你未来的生活变得艰辛。而如果你把时间放在读书、学习、锻炼上，去做那些对未来有价值的事情，也许你当下会很辛苦，会很难受，但这类事情会使你变成一个更优秀的人，一个遇到机遇可以抓得住的人。

所以，那个"有挑战性的"选择，很多时候就是正确的选择，或者说是更好的选择。一个人总是待在舒适区，是不会有真正的进步的。

我当初决定去哈佛大学读书深造的时候，也有一个非常好的工作机会向我伸出了橄榄枝。我所面临的选择：A.去哈佛读书；B.接受一份高薪的工作（也是我喜欢的工作）。我记得当时身边传出很多不同的声音，有的人说读书的目的就是好工作，那么既然已经有了这么好的工作，为什么还要花时间去读书？有的人说我应该为了哈佛大学放弃任何一项工作，因为这是一所世界性的著名学府，在有生之年可以就读于这样的学府是一件幸运的事情。

我建议大家在做选择的时候，进行一次SWOT分析。SWOT分析，听起来像是某种会计流程，其实不然。做 SWOT分析不涉及加减法，SWOT分别代表的是：优势（strengths）、劣势（weaknesses）、机会（opportunities）和威胁（threats）。把选择A和B各自能给你带来的所有的优势、劣势、机会和威胁都列出来，看一看哪个选项带来的优势更多，劣势更少。通过SWOT分析，你才能更加清晰地看出来哪个是当下最好的选择。

在做重大的选择前，一定要跟身边一两个你非常信任的老师、家人或者朋友一起分析利弊。当局者迷，旁观者清，此时听一听其他人的意见是有好处的，但是最终做决定的人还是自己。

做完以上分析，我还是决定去哈佛读书，而现在回头看，去读书确实是正确的选择，虽然它更加艰难，但这个选择赋予我的人生价值是巨大的。

选择的过程，就是一个价值观打磨的过程，它让我们更清楚，在自己的人生中，我们在意的是什么，看重的是什么，这是我们用自己的价值观来创造自己生活的过程。当我们越来越了解自己，越来越清楚自己想要成为什么样的人，过上什么样的生活时，我们也就越知道如何在生活中做出符合内心的选择。

努力是做出正确选择的基础

前文中我介绍了选择的重要性。"选择"和"努力"哪个更重要？这个问题很有争议，每个人的理解和认识不同。

我认为选择更重要，但做出选择之后，你要为之付出无限大的努力，才可能在选择的这条路上获得成功。更重要的一个方面是：机会是留给那些有准备的人的。换言之，你获得的大多数选择的机会，是来自在此之前你大量的付出和努力。

现代选择学之父迈克尔·雷在《成功是道选择题》中写道："选择很重要，但努力是做出选择的基础。只有先努力获得足够的人生积累，才有选择的机会和能力。"

很多人只知道选择很重要，却不知道不努力的人，连选择的资格都没有。马伯庸说："所谓选择，只是努力所赋予人的一种资格。"人生看似在选择的刹那走向辉煌，实际是过去多年默默努力埋下的伏笔。

越努力，越成功

的确，努力不一定成功，但不努力一定没有收获。所有风光的背后，都有他人无法想象的艰辛。我时常和自己说，当你觉得累的时候，记得告诉自己：再坚持一下，我们往往比想象中坚强。成功，从来都不是一夜降临的，而是由无数个努力的瞬间积累起来的。眼下我们吃过的苦、受过的累，都会积攒成未来的满堂喝彩。

经常有粉丝问我是如何考上哈佛大学的，答案是，能够被哈佛大学录取是我数年拼命学习，在各项综合能力上展示和验证自己个人能力的结果。哈佛大学两所知名的研究生院——法学院和商学院，招生的标准是挑选未来各行各业的领军人物，学生除学习成绩优秀之外，通常还要在艺术、体育、社会贡献等方面展示出过人的才能。

上一小节，我提到了选择去哈佛大学的例子，我之所以有资格去做这样一个选择是此前所有努力的结果。我的第一法学学位是我以二十多门课全A、全校第一名获得的，而这仅仅是进入哈佛大学的基础要求。除此之外，报考者还要有才艺，或者极其出色的工作经历，或者对其所在社区有积极贡献，可见哈佛大学的录取官看中的是报考者的综合素质，而不仅仅是学习成绩。入学后，我便发现身边都是各国各大名校的第一名，而且个个都"德智体美劳全面发展"。

回想我学习和工作经历中的种种细节，可以说我之所以能抓住靠近我的一个又一个机会，都是因为此前的努力。我认真对待每一项工作，付出自己的最大努力，做到了问心无愧。每一个合作伙伴在与我合作一次之后，都会再次把机会交给我，这是令我骄傲的事情。

努力是选择的前提

很多同行觉得我的自媒体做得不错，让我分享做自媒体的经验。做自媒体这件事并不是心血来潮，口才好、气质佳，随手拍拍短视频就能成功的。这是我经过很多调研、深思熟虑之后的创业行为。做视频自媒体，起步非常不容易，中途有许多障碍、困难。很多人做了几个星期或者几个月便放弃了，那些可以一直坚持产出有创意的内容的人，都是很有毅力的。

我有一份主持人的全职工作，做自媒体会占用我几乎所有的休息时间，但我看准了短视频赛道的潜力之后，还是毅然决定开启我的视频制作之路。我进行了周密的准备和调研：如何做抖音短视频；这个平台的生态是怎样的；它的主要受众的年龄结构、城市分布；在这个平台上有哪些和我自身属性相似的账号；打造爆款视频的诀窍……如果没有去仔细研究以上问题，是不可能把内容做好的。

　　于是，我购买了拍摄所需的器材，带着一个助理（还是一位线上工作的助理）开始创作视频，每日更新，在第一年中365天没有间断地产出作品。每天下班后，我都和助理讨论当日最热门的话题。我们写脚本、拍视频，我做自己的导演、灯光师、摄影师，经常拍摄到后半夜，也经常半夜和助理打电话庆祝我们又推出了一个有十万加点赞量的作品。回忆起来，这个过程充满了艰辛和快乐，而我在短视频领域获得的成绩也是由汗水和努力构成的。

　　归根结底，努力很重要，它是选择的前提。我从不相信天上会掉馅饼儿，也不相信人生有捷径可走，但我相信只要付出足够的努力，且方向正确，我们一定会有收获。

解决内心冲突，摆脱选择困难症

我们每天都面临许多选择，大到工作中的重大决策，小到一顿饭吃什么。不少粉丝朋友跟我说，他们平日经常受到选择困难症，也称选择恐惧症的困扰，面临的选择越多，越难以做决定。这就导致出现下述情况：找工作时哪家公司录用我，我就去哪家；饿到实在不行必须吃饭了，选择第一眼看见的那个外卖。这样虽然看起来很洒脱，随心所欲，但却是对个人的生活没有规划的表现。

选择困难症，概括来讲，就是当人在面临多种选择时，无法正常做出令自己满意的选择，无论如何选择都无法说服自己。选择困难症很大程度上是由于不自信、逃避责任、缺乏自立意识以及害怕失败等心理导致的。

化解内心冲突，明确个人目标

我认为，大多数人之所以选择困难，首先是因为对自己想要什么不够明确，其次是害怕失去。我们在前面的章节讲过选择的重要性，一个目标明确且对自己的未来有坚定规划的人，是不会害怕选择的。

对自己不够了解，不知道什么才是最适合自己的，这应该是选择困难症最根本的原因所在。大学刚毕业，不知道如何选择自己的职业方向，不知道要成为一个什么样的人，因此面对选择，没有方向，这就导致盲目跟从其他人的选择：别人都选择去"大厂"，那么就随波逐流去大厂应聘；别人都选择考研，那么就去考研。但是，盲从的路永远不是自己的路，每一次的选择，都要从自身的角度和优劣势出发，做好SWOT分析，选择最适合自己当下状态的选项。

我给大多数应届毕业生的建议是：不要立刻考研，先去找一份自己喜欢的工作做一两年，在这个过程中你会更加明确自己擅长什么方向的工作、热爱什么性质的职业。你也会意识到，自己还缺乏哪些技能。在选择考研之前，你要评估你所缺乏的技能是否可以通过继续学习来获得，以及考研能给你带来哪些额外的优势。因为从老板的角度看，一个没有工作经验的普通院校毕业的硕士研究生，在就业上并不比本科生更有优势，尤其在本科生已经有了一两年的工作经验的情况下。

不要害怕失去

选择必定伴随着放弃，而人类天生就厌恶损失。面对N个选项，不管你怎么选，选了哪一项，都意味着你放弃了其他的机会，这在心理学上被称为"机会成本"。

选项越多，需要放弃的东西越多，人们感受到的痛苦也就越强烈，这会阻碍其做出选择。每个选项都有好处，不管你做出了什么决定，其他选项的优点都会萦绕在你的心头久久不散。所以，面对越来越多的选择和越来越高的机会成本，你可能会倾向于思考再三，反复推敲，甚至逃避，不断拖延做出决定的时间。

人内心冲突的产生就是因为无法同时满足各种欲望。只能选择一项，你不能什么都想要。你要知道每一次选择都要面对随之而来的得与失，正所谓鱼与熊掌不可兼得，这是十分正常的。就拿考研和找工作来做例子，面对工作，害怕自己以后没有学历比自己高的人有竞争力；面对考研，又担心以后步入职场比别人缺少经验。与其害怕损失，不如坚定一点，抛去得失心，为自己的选择坚定地承担结果。

当你能够为自己的选择负责并做好承担任何损失的心理建设后，任何选择都不是难事。如果在选择之后，你发现明显选错了，那就大胆去纠正错误并及时止损。

把每个选择做成最正确的答案

人生的选择没有100%正确的，我们要做的就是把我们的每一个选择变成正确答案。换句话说，当面对难以抉择的情况时，我们要认真判断分析再做决定；而在做出决定之后，我们就把已经做出的选择当成最正确的，朝着这个方向坚定地去努力，想方设法把它做成最好的答案。

努力把选择做成正确答案

在我面临是否去哈佛大学读书的选择时，我有一个好朋友对我说了一句话，让我至今印象深刻，他说："梓橦，你不用担心，我会一直支持你，把现在的选择变成最正确的选择，即使多年之后回头看，可能另一个选择会让你的路走得更容易。"这是当时非常鼓舞我的一句话，也令我十分感动。这句话也教给了我一个道理，它便是：选择过后我们应该坚定地为我们的选择尽力而为。

如何让我们的选择变得正确呢？拿我读书的例子来说，我既然选择了去读书，就不会患得患失，为了不辜负我的选择，我要做的就是利用好一切时间，做到没有一丝一毫的浪费。很多学生在出国读研、读博的时候，时间抓得不紧，以游学为常态，经常组织各种郊游散心之旅。并不是说游学不好，旅行有益身心，还能了解各地风俗文化，但是如果时间紧迫，就应该把更多时间花在刀刃上。我在留学期间，把自己的娱乐时间尽可能压缩到最少，把在校的学习以及参与学校活动的时间放大到了最大。

我在哈佛大学法学院的活动路线基本是宿舍—教室—图书馆—健身房—宿舍的每日循环。我也不放过任何与教授交流的机会，他们当中很多人都是诺贝尔奖的获得者。每日下课后我都会争取一些时间和不同课程的教授交流一些我不懂的问题，这些宝贵的交流使得我受益匪浅。

迎难而上，坚定选择

人生的每一个选择执行起来都有困难的一面，真正坚定自己选择的人，无论遇到多大的困难，都会执着地去面对和解决。

当我选择创办一家自己的传媒公司时，我设想过我会遇到的各种困难。不论是短视频创作还是长节目制作，要做出优质的内容，都要不断和团队展开头脑风暴、讨论磨合。同时作为台前的主持人、演员，以及幕后的导演、公司创始人和团队管理者，我要考虑的各方面因素有很多，时常面临很大的压力。

我一直都想制作一档自己出品的对话节目，为大众提供好的内容。当下娱乐内容井喷，观众审美水平垂直上升，市场上非常需要有创新意识和价值的内容形态。我相信好的内容一定会有人爱看，一定会有它的受众群体，所以，我也一定会继续在这件事情上面花时间和精力。

对话节目如何更上一层楼，是一个巨大的难题。要客观还是要煽情？要思考还是要有趣？在信息爆炸的时代下，对话节目更应该追求深度，还是博取眼球？我和我的团队一直在摸索和探求。

这本书的出版应该和我出品的对话节目的上线时间相近，我希望这本书的读者也会去看这档高品质的对话节目，因为它的确凝聚了我和团队的大量心血。

我认为做任何事情都必须有坚持的精神，不能三天打鱼，两天晒网，更不能一遇到困难就中途放弃。只有如此，我们才可能出类拔萃，在自己的领域中获得成绩。

附录1

推荐书单

读一本好书可以激励我们奋勇向前，促进我们的成长；看书也是减少内耗、降低焦虑最快的方式。以下是我推荐大家阅读的书，都是经典作品，其中不乏自我提升的干货，也有对婚姻、人际社交等方面的建议，希望对大家有帮助。

1. 《黄金时代》王小波

2. 《围城》钱钟书

3. 《握紧你的右手》毕淑敏

4. 《流言》张爱玲

5. 《千年一叹》余秋雨

6. 《灵魂的事》史铁生

7. 《平凡的世界》路遥

8.《王阳明传》李庆

9.《穆斯林的葬礼》霍达

10.《永远不要停下前进的脚步》石雷鹏

11.《在绝望中寻找希望》俞敏洪

12.《挪威的森林》村上春树

13.《人间失格》太宰治

14.《原则》瑞·达利欧

15.《非暴力沟通》马歇尔·卢森堡

16.《斗魂：稻盛和夫的成功热情》稻盛和夫

17.《成就上瘾：把成事当成一种习惯》达伦·哈迪

18.《傲慢与偏见》简·奥斯汀

19.《百年孤独》加西亚·马尔克斯

20.《亲爱的生活》艾丽丝·门罗

21.《摆渡人》克莱尔·麦克福尔

22.《事实》汉斯·罗斯林、欧拉·罗斯林、安娜·罗斯林·罗朗德

23.《杀死一只知更鸟》哈珀·李

24.《沙漠的智慧》多玛斯·牟敦

25.《偷影子的人》马克·李维

26.《乌合之众》古斯塔夫·勒庞

27. 《从行动开始》石田淳

28. 《小王子》安托万·德·圣-埃克苏佩里

29. 《囚徒健身》保罗·威德

30. 《皮肤的秘密》耶尔·阿德勒、卡提雅·史匹哲

31. 《减糖生活》水野雅登

32. 《倾城之恋》张爱玲

33. 《小妇人》路易莎·梅·奥尔科特

34. 《飘》玛格丽特·米切尔

35. 《那不勒斯四部曲》埃莱娜·费兰特

36. 《女性主义》李银河

37. 《首席专家洪昭光谈健康快乐100岁》 洪昭光

38. 《成为时尚达人？谁都可以！》杨梦晶

39. 《在时光中盛开的女子》 李筱懿

40. 《按自己的意愿过一生》王潇

41. 《女神日常修炼手册》余点

42. 《优雅》晓雪

43. 《最好的女子》黄佟佟

44. 《生而优雅：女主人礼仪》黎晟

45. 《遇见未知的自己》 张德芬

46. 《简·爱》夏洛蒂·勃朗特

47. 《自卑与超越》 阿尔弗雷德·阿德勒

48. 《勇敢抉择》卡莉·菲奥莉娜

49. 《面纱》威廉·萨默塞特·毛姆

50. 《成为波伏瓦》凯特·柯克帕特里克

附录2

TED经典演讲推荐

1.《睡眠是你的超能力》马特·沃克

2.《内向性格的力量》苏珊·凯恩

3.《如何讲话才能让别人听进去》朱利安·特瑞雪

4.《错误引导的艺术》阿波罗·罗宾

5.《每天一秒钟》栗山·塞萨尔

6.《就这四招！只需20小时你就能精通任何事情》乔什·考夫曼

7.《如何高效利用你的碎片化时间》劳拉·万德坎姆

8.《激发学生学习兴趣的3条黄金法则》拉姆齐·穆萨兰

9.《给迷失在这个时代里的迷失者的一封信》阿南德·格里哈拉达斯

10.《我们为什么快乐？》丹·吉尔伯特